U0348916

被讨厌的勇气

"自我启发之父"阿德勒的哲学课

漫画版

嫌われる勇気

[日]岸见一郎 古贺史健 著　　渠海霞 译　　有田工作室 绘

机械工业出版社
CHINA MACHINE PRESS

《被讨厌的勇气》演绎了与弗洛伊德、荣格并称为"心理学三大巨头"的阿尔弗雷德·阿德勒的思想。阿德勒心理学与希腊哲学一脉相承，是"勇气的心理学"。

故事发端于一个晚上。一名深陷自卑、无能与不幸福的青年，听到了一名哲人主张"世界无比单纯，人人都能幸福"，便去拜访哲人，展开了你来我往的思考和辩论。

在漫画版《被讨厌的勇气》中，青年与哲人的形象跃然纸上，既生动有趣，又保留了原版的精华内容，为各个年龄段的读者提供了更为舒适的阅读体验。

KIRAWARERU YUKI by ICHIRO KISHIMI & FUMITAKE KOGA

Copyright © 2013 ICHIRO KISHIMI & FUMITAKE KOGA

Simplified Chinese translation and comic copyright © 2025 China Machine Press

All rights reserved.

Original Japanese language edition published by Diamond, Inc.

Simplified Chinese translation rights arranged with Diamond, Inc. through Shanghai To-Asia Culture Communication Co., Ltd.

北京市版权局著作权合同登记　图字：01-2024-4907 号。

图书在版编目（CIP）数据

被讨厌的勇气 ： "自我启发之父"阿德勒的哲学课 ： 漫画版 ／（日）岸见一郎，（日）古贺史健著 ；渠海霞译 ；有田工作室绘. -- 北京 ：机械工业出版社，2025. 3.
ISBN 978-7-111-77747-2

Ⅰ. B821-49

中国国家版本馆CIP数据核字第2025HB5385号

机械工业出版社（北京市百万庄大街22号　邮政编码100037）
策划编辑：廖　岩　　　　责任编辑：廖　岩　蔡欣欣
责任校对：龚思文　李小宝　　责任印制：单爱军
保定市中画美凯印刷有限公司印刷
2025年5月第1版第1次印刷
148mm × 210mm・8.375印张・1插页・99千字
标准书号：ISBN 978-7-111-77747-2
定价：69.00元

电话服务　　　　　　　　　网络服务
客服电话：010-88361066　　机 工 官 网：www.cmpbook.com
　　　　　010-88379833　　机 工 官 博：weibo.com/cmp1952
　　　　　010-68326294　　金 书 网：www.golden-book.com
封底无防伪标均为盗版　机工教育服务网：www.cmpedu.com

本书的赞誉

它期许我这一年能拥有被讨厌的勇气，继续大胆地许下做自己的愿望，并勇敢实现它！

——曾宝仪

小心检视，你的成功是否只是以害怕被他人讨厌而换来的。若是如此，那你的成功不幸只代表"你为他人活了一辈子"。

——陈文茜

一部振奋人心又好读易懂的心灵作品。看完之后，你绝对可以为你无意义的人生增添美丽色彩的意义。好书！

——身心灵作家　张德芬

如果说自卑是人类与世界互动的必然结果，那么勇气就是人们在追寻意义人生中的必然能力。它就藏在每个生命体的某个角落，期待着特别的机遇。作者以超越心理咨询的方式进行心灵的对话。这是一本对自我成长和疗愈很有帮助的书。

——心丝带心理志愿者协会会长　国家心理督导师　韦志中

本书的名字是《被讨厌的勇气》，承担这种自由和责任，需要无畏的勇气。这种勇气，是阿德勒心理学的关键词，也是我们人生问题的最终解药。

——知乎专栏作家　动机在杭州

这本书绝对不是心灵鸡汤，而是稍带苦涩，但又可治病的良药。也许阅读过程中你会被作者的"犀利"颠覆三观，心生不爽。但不爽过后，抬头看窗外，满目清凉，世界会美好很多……

——关系心理学家　著名心理咨询师　胡慎之

这是一本深入浅出的好书，既适合作为大众的自助手册，也可以作为专业人员的临床指南。

——资深心理咨询师　香港精神分析学会副主席　张沛超

不死不生。对于一个渴望摆脱旧日模式、重新生出一个自己的人来说，勇气总是第一位的。这种勇气包括不怕试错、不怕被黑、被死千回还能重新活过来的力量。

——《心探索》杂志执行主编　赵晓梅

这是一剂烈性药，它会刺痛你的神经。不要抗拒它，一口一口地喝下去。在被讨厌的勇气当中，你会重新理解自己的生活方式。

——壹心理创始人　黄伟强

成长意味着独立，青年在面对独立的人生之时，以往的各种存在焦虑会喷涌而出。本书是人生路上思想的灯塔，书中坚定而让人愉悦的言语，是青年探索未知世界的一点火种，照亮并引导我们找到属于自己的未来。

——心理学空间

目录

引言

从前，在被誉为千年之都的古都郊外住着一位哲人，他主张：世界极其简单，人们随时可以获得幸福。有一位青年无法接受这种观点，于是他去拜访这位哲人一探究竟。在这位被诸多烦恼缠绕的青年眼里，世界是矛盾丛生的一片混沌，根本无幸福可言。

人并不是住在客观的世界，而是住在自己营造的主观世界里。你所看到的世界不同于我所看到的世界，而且恐怕是不可能与任何人共有的世界。

那是怎么回事呢？先生和我不是都生活在同一个时代、同一个国家、看着相同的事物吗？

井水的温度是恒定的，长年在18摄氏度左右。但夏天和冬天饮用的感觉却大不相同。

这是环境变化造成的错觉。

不，这并不是错觉。对那时的"你"来说，井水的冷暖是不容否定的事实。

所谓住在主观的世界中就是这个道理。问题不在于世界如何，而在于你自己怎样。

在于我自己怎样？

是的。也许你是在透过墨镜看世界，这样看到的世界理所当然就会变暗。摘掉墨镜之后看到的世界也许会太过耀眼，即便如此，你依然能够摘掉墨镜吗？你能正视这个世界吗？你有这种"勇气"吗？

勇气？

是的，这就是"勇气"的问题。

第一夜　我们的不幸是谁的错？

一进入书房，青年便弓腰驼背地坐在屋里的一张椅子上。他为什么会如此激烈地反对哲人的主张呢？原因已经不言而喻。青年自幼就缺乏自信，他对自己的出身、学历甚至容貌都抱有强烈的自卑感。也许是因为这样，他往往过于在意他人的目光；而且，他无法衷心地去祝福别人，从而常常陷入自我讨厌的痛苦境地。对青年而言，哲人的主张只不过是乌托邦式的空想而已。

不为人知的心理学 "第三巨头"

我听闻先生的专长好像是希腊哲学吧？

是啊，自从成了希腊哲学信徒之后，特别是邂逅"另一种哲学"以来，我感觉自己内心的某个角落一直在等待着像你这样的年轻人的出现。

那么，"另一种哲学"又是指什么呢？

它是由奥地利出身的精神科医生阿尔弗雷德·阿德勒于20世纪初创立的全新心理学。我们现在一般根据创立者的名字而称其为"阿德勒心理学"。

这倒是让我有些意外。希腊哲学的专家还研究心理学吗？

阿德勒心理学可以说是与希腊哲学一脉相承的思想，是一门很深奥的学问。

如果是弗洛伊德或荣格的心理学，我也多少有些心得体会。的确是非常有趣的研究领域。

阿德勒原本是弗洛伊德主持的维也纳精神分析协会的核心成员。但是，两人后来因观点对立而导致关系破裂，于是阿德勒根据自己的理论开创了"个体心理学"。

总之，这个叫阿德勒的人是弗洛伊德的弟子吧？

不，不是弟子。阿德勒和弗洛伊德年龄相仿，是平等的研究者关系，这一点完全不同于把弗洛伊德视若父亲一样仰慕的荣格。在世界上，阿德勒是与弗洛伊德、荣格并列的三大巨头之一。

我这方面的知识的确还有所欠缺。

阿德勒认为他的名字被遗忘也没有关系，那就意味着他的思想已经由一门学问蜕变成了人们的共同感觉。

再怎么"找原因"，也没法改变一个人

我的朋友中有一位多年躲在自己的房间中闭门不出的男子。他"很想改变"目前的自己。

作为朋友我可以担保他是一个非常认真并且对社会有用的男人。但是，他非常害怕到房间外面去。

他只要踏出房间一步马上就会心悸不已、手脚发抖。这应该是一种神经症。即使想要改变也无法改变。

你认为他无法走出去的原因是什么呢？

详细情况我不太清楚。也许是因为与父母关系不和或者是由于在学校或职场受到欺辱而留下了心灵创伤，抑或是因为太过娇生惯养了吧。

我们假设他无法走出去的原因是他小时候的家庭环境。假设他在父母的虐待下长大，从未体会过人间真情，所以才会惧怕与人交往，以致闭门不出。这种情况可能存在吧？

很有可能。那应该就会造成极大的心灵创伤。

而且你说"一切结果之前都先有原因"。总之，你认为现在的我（结果）是由过去的事情（原因）所决定。可以这样理解吧？

当然。

假若如你所言，所有人的"现在"都由"过去"所决定，那岂不是很奇怪吗？

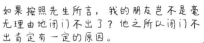

如果按照先生所言，我的朋友岂不是毫无理由地闭门不出了？他之所以闭门不出肯定有一定的原因。

若非如此，那根本讲不通！

是的，那样的确讲不通。

所以，阿德勒心理学考虑的**不是过去的"原因"，而是现在的"目的"**。

你的朋友并不是因为不安才无法走出去的。

事情的顺序正好相反，我认为他是由于**不想到外面去，所以才制造出不安情绪**。

阿德勒心理学把这叫作"目的论"。

您是在开玩笑吧！您说是他自己制造出不安或恐惧？那么，先生也就是说我的朋友在装病吗？

不是装病。你朋友所感觉到的不安或恐惧是真实的，有时他可能还会被剧烈的头痛所折磨或者被猛烈的腹痛所困扰。

但是，这些症状也是为了达到"不出去"这个目的而制造出来的。

绝对不可能！这种论调太不可思议了！

不，这正是"原因论"和"目的论"的区别所在。如果我们一直依赖原因论，就会永远止步不前。

心理创伤并不存在

既然您如此坚持，那就请您好好解释一下吧。

"原因论"和"目的论"的区别究竟在哪里呢？

假设你因感冒、发高烧而去看医生。如果医生只就引起感冒的原因告诉你说"你之所以会感冒是因为昨天出门的时候穿得太薄"，你会对这样的话满意吗？

不可能满意啊！

感冒原因是穿得薄也好、淋了雨也好，这都无所谓。问题是现在正受着高烧的折磨这个事实，关键在于症状。

如果是医生的话，就应该好好开药或者打针，以一些专业性的处理来进行治疗。

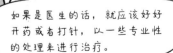

019

但是，立足于原因论的人们，仅仅会指出"你之所以痛苦是因为过去的事情"，继而简单地安慰"所以错不在你"。

所谓的心理创伤学说就是原因论的典型。

请稍等一下！也就是说，先生您否定心理创伤的存在，是这样吗？

坚决否定。

哎呀！先生您，不，应该说是阿德勒，他不也是心理学大师吗？

阿德勒心理学明确否定心理创伤，这一点具有划时代的创新意义。

请你站在父母的角度想一想。如果自己的孩子总是闷在房间里，你会怎么想呢？

那当然会担心啦。如何能让他回归社会？自己的教育方式是否有误？一定会绞尽脑汁地思考诸如此类的问题。

如果闭门不出一直憋在自己房间里的话，父母会非常担心。这就可以把父母的关注集于一身，而且还可以得到父母小心翼翼的照顾。

相对的，哪怕踏出家门一步，都会成为茫茫人海中非常平凡的一员；而且，没人会重视自己。这些都是闭居者常有的心理。

那么，按照先生您的道理，我朋友岂不是为了"目的"达成而满足现状了?

他心有不满，而且也并不幸福。但是，他的确是按照"目的"而采取行动。不仅仅是他，我们**大家都是在为了某种"目的"**而活着。这就是目的论。

不不不，我根本无法接受!

好啦，如果继续以你朋友为话题，讨论恐怕会无果而终，缺席审判也并不合适。我们还是借助别的事例来思考吧。

愤怒都是捏造出来的

昨天下午我在咖啡店看书的时候，从我身边经过的服务员不小心把咖啡洒到了我的衣服上。我忍不住勃然大怒，大发雷霆。

在这种情况下，"目的"还能讲得通吗？无论怎么想，这都是"原因"导致的行为吧？

也就是说，你受怒气支配而大发雷霆。那完全是一种自己也无可奈何的不可抗力。你是这个意思吧？

是的。因为事情实在太突然了。所以，不假思索地就先发火了。

不，我绝不会上当！您是说我是为了使对方屈服而假装生气？我可以断言那种事情连想的时间都没有。愤怒完全是一种突发式的感情！

是的，愤怒的确是一瞬间的感情。

有一天母亲和女儿在大声争吵。正在这时候，电话铃响了起来。慌忙拿起话筒的母亲的声音中依然带有一丝怒气。但是，打电话的人是女儿学校的班主任。

母亲的语气马上变得彬彬有礼了，用客客气气的语气交谈了大约5分钟之后挂了电话，接着又勃然变色，开始训斥女儿。

你想"变成别人"吗？

我再说说另一位朋友的事情。
我有位朋友Y是一位非常开朗的男士，他深受
大家的喜爱，可以瞬间令周围的人展露笑容。
而我就是一个不善与人交往的人，在与他人
攀谈的时候总觉得很不自然。

那么先生您认为我可以变成
像Y那样的人吗？当然，我是
真心地想要变成Y那样的人。

如果就目前来讲恐怕比较困难。

哈哈哈，露出破绽了吧！
您是否应该撤回刚才的主张呢？

那么我来问你，你究竟为什么想要成为Y那样的人呢？

又是"目的"的话题吗？刚才已经说过了，我很欣赏Y，认为如果能够变成他那样就会很幸福。

你认为如果能够像他那样就会幸福。也就是说，你现在不幸福，对吗？

啊……！！

你现在无法体会到幸福，因为你不会爱你自己。而且，为了能够爱自己，你希望"变成别人"，希望舍弃现在的自我变成像Y一样的人。我这么说没错吧？

……是的，的确如此！我承认我很讨厌自己！讨厌像现在这样与先生您讨论落伍哲学的自己！也讨厌不得不这样做的自己！

没关系。面对喜不喜欢自己这个问题，能够坦然回答"喜欢"的人几乎没有。

先生您怎么样呢？喜欢自己吗？

至少我不想变成别人，也能悦纳目前的自己。即使你再想变成Y，也不可能成为Y，你不是Y。你是"你"就可以了。

但是，这并不是说你要一直这样下去。如果不能感到幸福的话，就不可以"一直这样"，不可以止步不前，必须不断向前迈进。

您的话很严厉，但非常有道理。我的确不可以一直这样，必须有所改进。

我还要再次引用阿德勒的话："重要的不是被给予了什么，而是如何去利用被给予的东西。"你之所以想要变成Y或者其他什么人，就是因为你只一味关注着"被给予了什么"。其实，你应该把注意力放在"如何利用被给予的东西"这一点上。

033

你的不幸，皆是自己"选择"的

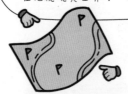

有人拥有富裕而善良的父母，也有人拥有贫穷而恶毒的父母，这就是人世。这个世界本来就不公平。关注"被给予了什么"也是理所当然的事情！先生，您的话只是纸上谈兵，根本是在无视现实世界！

无视现实的是你。一味执着于"被给予了什么"，现实就会改变吗？我们不是可以更换的机械。我们需要的不是更换而是更新。

都是一样的事情！先生您总是避重就轻。不是吗？这个世界存在着天生的不幸。请您先承认这一点。

比如现在你感觉不到幸福。有时还会觉得活得很痛苦，甚至想要变成别人。但是，现在的你之所以不幸正是因为你自己亲手选择了"不幸"，而不是因为生来就不幸。

自己亲手选择了不幸？这种话怎么能让人信服呢？！

你在人生的某个阶段选择了"不幸"。这既不是因为你生在了不幸的环境中，也不是因为你陷入了不幸的境地，而是因为你认为"不幸"对你自身而言是一种"善"。

人们常常下定决心"不改变"

刚才你说"人的性格或秉性无法改变"。然而,阿德勒心理学中用"生活方式"一词来说明性格或秉性。

某人如何看"世界",又如何看"自己",把这些"赋予意义的方式"汇集起来的概念就可以理解为生活方式。从狭义上来讲可以理解为性格;从广义上来说,这个词甚至包含了某人的世界观或人生观。

这里所说的生活方式是不是很接近"生存方式"呢?

可能也有这种表达方式。如果说得更准确一些,应该是"人生的状态"的意思。

你一定会认为禀性或性格不会按照自己的意志而改变。但阿德勒心理学认为，生活方式是自己主动选择的结果。是你自己主动选择了自己的生活方式。

也就是说，我不仅选择了"不幸"，就连这种奇怪的性格也是自己一手选择的？

当然。

哈哈……无论怎么说，您这种论调都太勉强了。当我注意到的时候，我就已经是这种性格了，根本不记得有什么选择行为。先生您也是一样吧？可以自由选择自己的性格，这不是无稽之谈吗？

最初的选择也许是无意识的行为。并且，在选择的时候，人种、国籍、文化或者家庭环境之类的因素也会产生很大的影响。即便如此，选择了"这样的我"的还是你自己。

那么，退一百步，不，退二百步讲，那又如何呢？说是性格也好、秉性也好，或者说是生活方式也好，反正我已经是"这样的我"了。事态又不会有什么改变。

这不可能。假若生活方式不是先天被给予的，而是自己选择的结果，那就可以由自己进行重新选择。

当然，谁都无法选择自己的出身。出生在什么样的国家、什么样的时代，有什么样的父母，这一切都不是自己的选择。

现在你了解了生活方式，无论是继续选择与之前一样的生活方式还是重新选择新的生活方式，那都在于你自己。

那么如何才能够重新选择呢？并不是可以马上改变的吧！

人无论在何时也无论处于何种环境中都可以改变。你之所以无法改变，是因为自己下了"不改变"的决心。

人时常在选择着自己的生活方式，你说想要马上改变，尽管如此还是没能改变，这是为什么呢？那是因为你在**不断**地下着不改变自己生活方式的决心。

不不不，这完全讲不通。我很想改变。这是千真万确的真心。既然如此又怎会下定不改变的决心呢？！

尽管有些不方便、不自由，但你还是感觉现在的生活方式更好，大概是觉得一直这样不做改变比较轻松吧。

如果一直保持"现在的我"，可谓是轻车熟路般的状态。即使遇到点状况也能够想办法对付过去。

如果选择新的生活方式，生活就会充满不安，也可能有更加痛苦、更加不幸的生活在等着自己。

也就是说，即使人们有各种不满，但还是认为保持现状更加轻松、更能安心。

您是说想要改变但又害怕改变？

是的，阿德勒心理学就是勇气心理学。你之所以不幸并不是因为过去或者环境，更不是因为能力不足，你只不过是缺乏"勇气"，可以说是缺乏"获得幸福的勇气"。

你的人生取决于"当下"

如此一来，问题就变成了"怎样才能改变生活方式"这一具体策略。这一点您并未说明。

的确。你现在首先应该做的是什么呢？那就是要有"**摈弃现在的生活方式**"的**决心**。

例如，你刚才说"如果可以变成Y那样的人就能够幸福"。但像这样活在"**如果怎样怎样**"之类的假设之中，就根本无法改变。因为"**如果可以变成Y那样的人**"正是你为自己不做改变找的借口。

我有一位年轻朋友，虽然梦想着成为小说家，但却总是写不出作品。他说是因为工作太忙、写小说的时间非常有限，所以才写不出作品，也从未参加过任何比赛。

但真是如此吗？实际上，他只想活在"只要有时间我也可以、只要环境具备我也能写、自己有这种才能"之类的可能性中。

或许再过5年或者10年，他又会开始使用"已经不再年轻"或者"也已经有了家庭"之类的借口。

……他的心情我非常了解。

假若应征落选也应该去做。那样的话或许能够有所成长，或许会明白应该选择别的道路。总之，**可以有所发展**。所谓改变现在的生活方式就是这样。

梦也许会破灭啊！

但那又怎样呢？应该去做——这一简单的课题摆在面前，但却不断地扯出各种"不能做的理由"，你难道不认为这是一种很痛苦的生活方式吗？

……太严厉了。先生的哲学太严厉了！

或许是烈性药。

的确是烈性药！

如果要改变对世界或自己的看法（生活方式）就必须改变与世界的沟通方式，甚至改变自己的行为方式。

你依然是"你"，只要重新选择生活方式就可以了。虽然可能是很严厉的道理，但也很简单。

不是这样的，我所说的严厉不是这个意思！

听了先生您的话，会让人产生"精神创伤不存在，与环境也没有关系；一切都是自身出了问题，你的不幸全都因为你自己不好"之类的想法，感觉就像之前的自己被定了罪一般！

阿德勒的目的论是说："无论之前的人生发生过什么，都对今后的人生如何度过没有影响。"决定自己人生的是活在"此时此刻"的你自己。

……好吧。先生，我不能完全同意您的主张，我还有很多不能接受和想要反驳的地方。但同时您的话也值得思考，而且我也想要进一步学习阿德勒心理学。

谢谢你今天的到来，我期待着我们下一次的辩论。

第二夜 一切烦恼都来自人际关系

青年非常守约，刚好一个星期之后再次来到哲学家的书房。其实他自上次回去两三天之后就迫不及待地想要过来。但深思熟虑之后，青年的疑问变成了确信。也就是说，目的论之类的学说只是一种诡辩，精神创伤确实存在。人既不可能忘记过去，也不可能从过去中解放出来。他今天就要把那位怪异的哲学家驳得体无完肤，一切争论都将在今天结束。

为什么讨厌自己？

先生，上次之后我冷静地想了很多，但还是不能同意先生的主张。

哦，哪里有疑问呢？

例如，前几日我承认自己讨厌自己，无论如何都只能看到缺点，实在找不到喜欢自己的理由。但是，我也很想能够喜欢自己。

先生您什么都用"目的"来进行解释，那您说说我讨厌自己究竟有什么目的、有什么利益呢？讨厌自己不会有任何好处吧？

你感觉自己没有任何优点，只有缺点。不管事实如何，就是这样感觉。也就是自我评价非常低。问题是，你为什么会那么自卑，为什么会那么低估自己呢？

那是因为事实上我本来就没有什么优点。

不对。之所以只看到缺点是因为你**下定了"不要喜欢自己"的决心**。为了达到不要喜欢自己的目的，所以你才只看缺点而不看优点。

下定不要喜欢自己的决心？

是的。因为不去喜欢自己是一种对你而言的"善"。

的确，结论似乎已经出来了。

是什么？

举一个别人的例子吧。
我曾在这个书房里给一位女学生进行过简单的心理辅导。她的苦恼是害怕见人，一到人前就脸红。所以我便问她："如果这种脸红恐惧症治好了，你想做什么呢？"

于是，她告诉我说自己有一个想要交往的男孩。虽然偷偷喜欢着那个男孩，但她还没能表明心意。她还说一旦治好脸红恐惧症，就马上向他告白，希望能够交往。

哎呀，多好啊！很符合女学生的话题。为了向意中人告白，首先必须治好脸红恐惧症。

我的判断是并非如此。为什么她会患上脸红恐惧症呢？又为什么总是治不好呢？那是因为她自己"需要脸红这一症状"。

不不，您在说什么呢？她不是说非常希望能治好吗？

你认为对她来说最害怕的事情、最想逃避的事情是什么呢？当然是被自己喜欢的男孩拒绝了，是失恋可能带来的打击和自我否定。

只要有脸红恐惧症存在，她就可以用"我之所以不能和他交往都是因为这个脸红恐惧症"这样的想法来进行自我逃避，而且，最终也可以抱着"如果治好了脸红恐惧症我也可以……"之类的想法活在幻想之中。

那么您是说她是为了给无法告白的自己找一个借口或者是怕被拒绝才捏造了"脸红恐惧症"。

直率地说就是如此。

如果真是这样的话，那岂不是根本没办法治好吗？那不就是她一方面需要"脸红恐惧症"，另一方面又为其苦恼吗？

053

所以，我跟她进行了下面的对话。

脸红恐惧症这样的病很好治。

真的吗？

但我不会给你治。

为什么？

因为你是靠着脸红恐惧症才能让自己接受对自我或者社会的不满以及不顺利的人生。你还要用"这都是因为脸红恐惧症"之类的话来安慰自己呢。

如果我给你治好了脸红恐惧症，事态也没有任何变化的话，那你会怎么做呢？你一定会再次跑来对我说"请让我再患上脸红恐惧症"吧。那我可就真的束手无策了。

这种情况不只限于她。考生会想"如果考中的话人生就会一片光明"，公司职员则会想"如果能够改行的话一切都会顺利发展"。

但是，很多情况下即使那些愿望实现了，事态也不会有太大的变化。

的确。

当有人上门来治"脸红恐惧症"的时候，心理咨询师绝对不可以为其治疗，如果那样做的话就更难康复了。这就是阿德勒心理学的主张。

那么，具体该怎样做呢？听了病人的烦恼后就放置不管吗？

她对自己没有自信，始终抱着"如果这样，即使告白也肯定会被拒绝，到时候就会更加没有自信"这样的恐惧心理，所以才会制造出脸红恐惧症这样的问题来。

我所能做的就是首先让其接受"现在的自己"，不管结果如何，先让其树立起向前迈进的勇气。阿德勒心理学把这叫作"鼓励"。

鼓励？

是的。关于其具体内容，在接下来的辩论中我会进行系统的说明。现在还不到这个阶段。

只要您会详细做出说明就好。"鼓励"这个词我先记下了……那么，最后她怎么样了呢？

与朋友一起和那个男孩出去玩儿，最终那个男孩先向她告白了。我也不知道她的脸红恐惧症后来如何了。但是，我想她大概不再需要了吧。

肯定不再需要了。

是的。那么，接下来我们根据她的事情来考虑一下你的问题。你为什么讨厌自己呢？为什么只盯着缺点就是不肯去喜欢自己呢？那是因为你太害怕被他人讨厌、害怕在人际关系中受伤。

那是怎么回事呢？

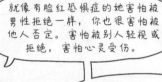

就像有脸红恐惧症的她害怕被男性拒绝一样，你也很害怕被他人否定。害怕被别人轻视或拒绝，害怕心灵受伤。

你认为与其陷入那种窘境还不如一开始就不与任何人有关联。

也就是说，你的"目的"是"避免在与他人的关系中受伤"。

一切烦恼都是人际关系的烦恼

请等一下！这句话我必须问清楚，"要想消除烦恼，只有一个人在宇宙中生存"是什么意思？如果只有一个人生活的话，势必会被强烈的孤独感所困扰吧？

之所以感觉孤独并不是因为只有你自己一个人，感觉自己被周围的人、社会和共同体所疏远才会孤独。

我们要想体会孤独也需要有他人的存在。也就是说，人只有在社会关系中才会成为"个人"。

如果真的成为一个人，也就是只有一个人活在宇宙中的话，那就既不是"个人"，也感觉不到孤独了吗？

那样的话恐怕连孤独这个概念都不会存在。既不需要语言，也不需要逻辑和常识（共通感觉）。

但是，这种事情根本不可能发生。即使是在无人岛上生活，也会想到遥远的海对岸的"某人"；即使在一个人的夜晚，也会侧耳静听某人睡眠中的呼吸声。只要在某个地方存在着那个某人，孤独就会袭来。

但是，刚才的话如果换种说法也就成了"如果能够一个人生存在宇宙中的话，烦恼就会消失"，是这样吗？

按道理来讲，是这样的。因为阿德勒甚至断言"人的烦恼皆源于人际关系"。

"人的烦恼皆源于人际关系。"这是阿德勒心理学的一个基本概念。如果这个世界没有人际关系，如果这个宇宙中没有他人只有自己，那么一切烦恼也都将消失。

不可能！这只不过是学者的诡辩而已！

当然，我们不可能让人际关系消失。人在本质上必须以他人的存在为前提，根本不可能做到与他人完全隔离。

我说的不是这个问题！人际关系的确是一个很大的问题，这一点我也认可。但是，一切烦恼皆源于人际关系这种论调也太极端了！

独立于人际关系之外的烦恼、个体内心的苦闷、自我难解的苦恼等，难道您要否定这一切烦恼吗？！

仅止于个人的烦恼，即所谓的"内部烦恼"根本不存在。任何烦恼中都会有他人的因素。

人还有比人际关系更加高尚、更加重大的烦恼！幸福是什么？自由是什么？而人生的意义又是什么？这些不都是自古希腊时代以来，哲学家们一直追问的主题吗？

而您刚才说人际关系就是一切烦恼之源？这是多么庸俗的答案啊！哲学家们听了一定会惊讶不已！

看来我的确需要说明得再具体一些。

是的，请您说明一下！如果先生说自己是哲学家的话，那就必须把这一点解释清楚！

自卑感来自主观的臆造

那么，关于人际关系我们换个角度来谈。你知道自卑感这个词吗？

这可真是个无聊的问题。从我前面的话中您也应该明白我是一个极其自卑的人啊。

那你具体有什么样的自卑感呢？

例如，在报纸上看到同龄人活跃的姿态时，我就会感到极其自卑。生活在同一时代的人那么活跃，而自己究竟在做什么呢；或者是看到朋友过得幸福，不是想要祝福而是心生嫉妒或者非常焦躁。

当然，我也不喜欢自己这张满是粉刺的脸，对于学历、职业以及年收入等社会境况也抱有强烈的自卑感。哎呀，总之就是哪里都很自卑。

明白了。顺便说一下，在咱们谈论的这种语境中第一个使用"自卑感"这个词的人是阿德勒。

哦，这我倒还真不知道。

在阿德勒所使用的德语中，劣等感的意思就是价值更少的"感觉"。也就是说，劣等感是一个关于自我价值判断的词语。

我的身高是155厘米。据说阿德勒也是跟我差不多的身高。我曾经苦恼于自己的身高。当我把这种想法告诉朋友的时候，他断然告诉我说："这种想法太无聊了！"

他接着说："长高干什么呢？你可有让人感觉轻松的本事啊！"的确，高大强壮的男性本身就会给人一种震慑感；然而，矮小的我却能让对方放下警惕心理。

这就是价值的转换。现在的我已经不会再为自己的身高而烦恼了。

这里的关键点是，我155厘米的身高并不是"劣等性"。

不是劣等性？

155厘米的身高只是一个低于平均数的客观测量数字而已。问题在于我如何看待这种身高以及赋予它什么样的价值。

什么意思？

我对自己身高的感觉终究还是在与他人的比较——也就是人际关系——中产生的一种主观上的"自卑感"。如果没有可以比较的他人存在，我也就不会认为自己太矮。

你现在也有各种"自卑感"并深受其苦吧？但是，那并不是客观上的"劣等性"，而是主观上的"自卑感"。

也就是说，困扰我们的自卑感不是"客观性的事实"而是"主观性的解释"？

正是如此。主观有一个优点，那就是可以用自己的手去选择。把自己的身高看成是优点还是缺点，这全凭你自己主观决定。正因为如此，我才可以自由选择。

就是您前面所说的重新选择生活方式吧？

是的。我们无法改变客观事实，但可以任意改变主观解释。并且，我们都活在主观世界中。这一点在刚开始时我就说过了。

是的，就是18摄氏度的井水那个话题。

价值究竟是指什么呢？价格昂贵的钻石或者货币。我们会从中发现一些价值，并会说1克拉多少钱或者物价如何如何。

但是，如果换种角度来看，钻石之类的东西也只不过是石块而已。

也就是说，价值必须建立在社会意义之上。即使1美元纸币所承载的价值是一种常识（共通感觉），那它也不是客观意义上的价值。

如果这个世界上只有我一个人存在，那我也许会把这1美元的纸币放入壁炉当燃料或者当卫生纸用。同样的道理，我自然也就不会再为自己的身高而苦恼。

这样就又可以与"一切烦恼皆源于人际关系"这种说法联系起来了吧？

正是如此。

自卑情结只是一种借口

但是，您能够肯定自卑感真的是一种人际关系问题吗？即使是社会意义上的成功者，也就是在人际关系中完全没必要自卑的人也会有某种程度的自卑感。

家财万贯的企业家、人人艳羡的绝世美女或者是奥林匹克冠军得主，大家都多多少少地受到自卑感的困扰。至少在我看来是如此。这又该如何解释呢？

阿德勒也承认自卑感人人都有。自卑感本身并不是什么坏事。

那么，人究竟为什么会有自卑感呢？

人都处于追求优越性这一"希望进步的状态"之中，树立某些理想或目标并努力为之奋斗。同时，对于无法达成理想的自己就会产生一种自卑感。

嗯，的确如此。

阿德勒说："无论是追求优越性还是自卑感，都不是病态，而是一种能够促进健康、正常的努力和成长的刺激"。

只要处理得当，自卑感也可以成为努力和成长的催化剂。

也就是说，我们应该正确利用自卑感？

是的。我们应该摈弃自卑感，进一步向前；不满足于现状，不断进步；要更加幸福。如果是这样的自卑感，那就没有任何问题。

但是，有些人无法认清"情况可以通过现实的努力而改变"这一事实，根本没有向前迈进的勇气。他们什么都不做就断定自己不行或是现实无法改变。

哎呀，是啊。自卑感越强，人就会变得越消极，最终肯定会认为自己一无是处。自卑感不就是这样吗？

不，这不是自卑感，而是自卑情结。

这一点请注意。自卑情结一词原本表示的是一种复杂而反常的心理状态，跟自卑感没有关系。例如，弗洛伊德提出的"俄狄浦斯情结"原本也是指一种对同性父母亲的反常对抗心理。

是啊，恋母情结或恋父情结中的"情结"一词确实具有很强的反常感觉。

同样的道理，"自卑感"和"自卑情结"两个词也必须分辨清楚，绝不可以混用。

自卑感本身并不是坏事。这一点你能够理解吧？就像阿德勒说过的那样，自卑感也可以成为促成努力和进步的契机。

自卑情结是指把自己的自卑感当作某种借口使用的状态。具体就像"我因为学历低所以无法成功"或者"我因为长得不漂亮所以结不了婚"之类的想法。

不不，这是一种正儿八经的因果关系！如果学历低，就会失去很多求职或发展的机会。不被社会看好也就无法成功。这不是什么借口，而是一种严峻的事实。

关于你所说的因果关系，阿德勒用 "外部因果律" 一词来进行说明。意思就是：将原本没有任何因果关系的事情解释成似乎有重大因果关系一样。

但是，现实问题是拥有高学历的人更容易在社会上获得成功啊！先生您应该也有这种社会常识吧。

问题在于你如何去面对这种社会现实。如果抱着 "我因为学历低所以无法成功" 之类的想法，那就不是 "不能成功" 而是 "不想成功" 了。

越自负的人越自卑

也许是那样，不过……

而且，对自己的学历有着自卑情结，认为"我因为学历低，所以才无法成功"。反过来说，这也就意味着"只要有高学历，我也可以获得巨大的成功"。

嗯，的确如此。

这就是自卑情结的另一个侧面。那些用语言或态度表明自己的自卑情结的人和声称"因为有A所以才不能做到B"的人，

他们的言外之意就是"只要没有A，我也会是有能力、有价值的人"。

也就是说"要不是因为这一点，我也能行"。

是的。关于自卑感，阿德勒指出"没有人能够长期忍受自卑感"。也就是说，自卑感虽然人人都有，但它沉重得没人能够一直忍受这种状态。

拥有自卑感即感觉目前的"我"有所欠缺的状态。如此一来问题就在于……

如何去弥补欠缺的部分，对吧？

正是如此。如何去弥补自己欠缺的部分呢？最健全的姿态应该是想要通过努力和成长去弥补欠缺部分，例如刻苦学习、勤奋练习、努力工作等。

没有这种勇气的人就会陷入自卑情结。拿刚才的例子来讲，"我因为学历低所以无法成功""如果有高学历自己也很容易成功"。

意思就是"现在只不过是被学历低这个因素所埋没，'真正的我'其实非常优秀"。

不不，第二种说法已经不属于自卑感了。那应该是自吹自擂吧。

正是如此。自卑情结有时会发展成另外一种特殊的心理状态。

那是什么呢？

这也许是你没听说过的词语，是"优越情结"。

虚假的优越感？

一个很常见的例子就是"权势张扬"。

那是什么呢？

例如大力宣扬自己是权力者——可以是班组领导，也可以是知名人士，其实就是在通过此种方式来显示自己是一种特别的存在。

虚报履历或者过度追逐名牌服饰等也属于一种权势张扬、具有优越情结的表现。

这些情况都属于"我"原本并不优秀或者并不特别。而通过把"我"和权势相结合，似乎显得"我"很优秀。这也就是"虚假优越感"。

您能再举一些例子吗?

例如，那些想要骄傲于自我功绩的人，那些沉迷于过去的荣光整天只谈自己曾经的辉煌业绩的人。这些都可以称之为优越情结。

骄傲于自我功绩也算吗？那虽然是一种骄傲自大的态度，但也是因为实际上就很优秀才骄傲的吧。这可不能叫作虚假优越感。

不是这样。特意自吹自擂的人其实是对自己没有自信。阿德勒明确指出"如果有人骄傲自大，那一定是因为他有自卑感"。

您是说自大是自卑感的另一种表现？

是的。如果真正地拥有自信，就不会自大。正因为有强烈的自卑感才会骄傲自大，那其实是想要故意炫耀自己很优秀。担心如果不那么做的话，就会得不到周围人的认可。这完全是一种优越情结。

……也就是说，自卑情结和优越情结从名称上来看似乎是正相反的，但实际上却有着密切的联系？

密切相关。

最后再举一个关于自夸的复杂实例。这是一种通过把自卑感尖锐化来实现异常优越感的模式。具体就是指夸耀不幸。

夸耀不幸？

就是指那些津津乐道甚至是夸耀自己成长史中各种不幸的人。而且，即使别人想要去安慰或者帮助其改变，他们也会用"你无法了解我的心情"来推开援手。

啊，这种人倒是存在……

这种人其实是想要借助不幸来显示自己"特别"，他们想要用不幸这一点来压住别人。

通过这种方式，我就可以变得比他人更有优势、更加"特别"。

生病的时候、受伤的时候、失恋难过的时候，在诸如此类情况下，很多人都会用这种态度来使自己变成"特别的存在"。

也就是暴露出自己的自卑感以当作武器来使用吗？

是的。以自己的不幸为武器来支配对方。通过诉说自己如何不幸、如何痛苦来让周围的人——比如家人或朋友——担心或束缚支配其言行。

阿德勒甚至指出："在我们的文化中，弱势其实非常强大而且具有特权。"

什么叫"弱势具有特权"？

阿德勒说："在我们的文化中，如果要问谁最强大，那答案也许应该是婴儿。

婴儿其实总是处于支配而非被支配的地位。"婴儿就是通过其弱势特点来支配大人。并且，婴儿因为弱势所以不受任何人的支配。

……根本没有这种观点。

只要把自己的不幸当作保持"特别"的武器来用，那人就会永远需要不幸。

人生不是与他人的比赛

阿德勒也认为希望进步的"追求优越性"属于普遍欲求吧？此外，他又提醒人们不可以陷入过剩的自卑感或优越感之中。

那么，我们到底应该怎么做呢？

虽然行进距离或速度各不相同，但大家都平等地走在一个平面上。所谓"追求优越性"是指自己不断朝前迈进，而不是比别人高出一等的意思。

您是说人生不是竞争？

是的。不与任何人竞争，只要自己不断前进即可。当然，也没有必要把自己和别人相比较。

哎呀，这不可能吧。我们无论如何都避免不了把自己与别人相比较。自卑感不就是这样产生的吗？

健全的自卑感不是来自与别人的比较，而是来自与"理想的自己"的比较。

好吧，我们都不一样。性别、年龄、知识、经验、外貌，没有完全一样的人。我们应该积极地看待自己与别人的差异。但是，我们"虽然不同但是平等"。

但是……

虽然不同但是平等？

是的。人都各有差异，这种"差异"不关乎善恶或优劣。因为不管存在着什么样的差异，我们都是平等的人。

人无高低之分，从理想论的角度来看也许如此。

但是，先生，我们应该看看真正的现实。例如，作为成人的我与连四则运算都不会的孩子之间，也可以说是真正平等吗？

就知识、经验或者责任来讲也许存在着差异。也许孩子不能很好地系鞋带、不能解开复杂的方程式或者是在发生问题的时候不能像成人那样去负责任。

但是，人的价值并不能用这些来决定。我的回答仍然一样：所有的人都是"虽然不同但是平等"的。

那么，先生，您是说要把孩子当成一个成人来对待吗？

不，既不当作成人来对待也不当作孩子来对待，而是"当作人"来对待。把孩子当作与自己一样的一个人来真诚相对。

那么，我换个问题。所有人都平等，走在同一个平面上。虽说如此，但依然存在"差异"吧？

走在前面的人比较优秀，在后面追的人则相对逊色。最终不还是归到优劣的问题上吗？

不是。无论是走在前面还是走在后面都没有关系，我们都走在一个并不存在纵轴的水平面上，我们不断向前迈进并不是为了与谁竞争。**价值在于不断超越自我。**

不，那是厌倦人生的老人的逻辑啊！像我这样的年轻人必须在剑拔弩张的竞争中提高自己。

正因为有竞争对手的激励，才能够不断创造更好的自己。用竞争来考虑人际关系有什么不好呢？

如果那个竞争对手对你来说是可以称得上"伙伴"的存在，那也许会有利于自我研究。但在多数情况下，竞争对手并不能成为伙伴。

怎么回事？

在意你长相的，只有你自己

接下来咱们梳理一下我们的辩论。最初你对阿德勒所主张的"一切烦恼皆源于人际关系"这一概念表示不满，对吧？围绕着自卑感的争论就由此而起。

是的是的。关于自卑感这个话题的讨论太过激烈，以至于差点把那一点给忘记了。最初为什么会谈到自卑感这个话题呢？

这与竞争有关。请你记住：如果在人际关系中存在"竞争"，那人就不可能摆脱人际关系带来的烦恼，也就不可能摆脱不幸。

您是说与不可掉以轻心的敌人之间的竞争？

竞争的可怕之处就在于此。

之所以有很多人虽然取得了社会性的成功，但却感觉不到幸福，就是因为他们活在竞争之中。因为他们眼中的世界是敌人遍布的危险所在。

虽然或许如此，但是……

但实际上，别人真的会那么关注你吗？会24小时监视着你，虎视眈眈地寻找攻击你的机会吗？恐怕并非如此。

我有一位年轻的朋友，据说他少年时代总是长时间对着镜子整理头发。于是，他祖母对他说："**在意你的脸的只有你自己。**"那之后，他便活得轻松了一些。

哈哈，您这是在讽刺我吧？也许我真的把周围的人看成了敌人，总是担心随时会受到暗箭攻击，认为总是被他人监视、排剔甚至攻击。

而且，就像热衷于照镜子的少年一样，这实际上也是自我意识过剩的反应。世上的人其实并不关注我。即使我在大街上倒立也不会有人留意！

我有一个年长3岁的哥哥，他非常听父母的话，学习运动样样精通，是一位非常认真的哥哥。而我自幼就常常被拿来跟哥哥比较。

当然，我什么都赢不了。而父母根本不管这一点，他们总是不认可我。简直就是生活在自卑感中，还必须意识到与哥哥之间的竞争！

怪不得。

我有时候这样想。自己就像是从未真正沐浴过阳光的丝瓜，自然就会因为自卑感而扭曲。所以，如果有挺拔舒展的人，真希望他能够带带我呀！

明白了。你的心情我很理解。那么，包括你与你哥哥的关系，也从"竞争"角度去考虑。

如果你不把自己与哥哥或者他人的关系放在"竞争"角度去考虑的话，他们又会变成什么样的存在呢？

那也许哥哥就是哥哥、他人就是他人吧。

不，应该会成为更加积极的"伙伴"。

伙伴？

你刚刚也说过吧？ "无法真心祝福过得幸福的他人"，那就是因为站在竞争的角度来考虑人际关系，**把他人的幸福看作 "我的失败"**，所以才无法给予祝福。

但是，一旦从竞争的怪圈中解放出来，就没有必要战胜任何人了。当某人陷入困难的时候你随时愿意伸出援手，那他对你来说就是可以称为伙伴的存在。

嗯。

关键在于下面这一点。如果能够体会到 "人人都是我的伙伴"，那么对世界的看法也会截然不同。

人际关系中的"权力斗争"与复仇

> 好啦,先生。目的论只是一种诡辩,精神创伤确实存在!而且,人根本无法摆脱过去!先生您也承认我们无法乘坐时光机器回到过去吧?

> 只要过去作为过去存在着,我们就得生活在过去所造成的影响之中。如果当过去不存在,那就等于是在否定自己走过的人生!先生您是说要让我选择那种不负责任的生活吗?

> 是啊,我们既不能乘坐时光机器回到过去,也不能让时针倒转。但是,赋予过去的事情什么样的价值,这是"现在的你"所面临的课题。

那么，我来问问您"现在"这个话题吧。上一次，先生您说"人是在捏造愤怒的感情"，是吧？还说站在目的论的角度考虑，事情就是这样。我现在依然无法接受这种说法。

如果无缘无故地被人破口大骂，先生您也会生气吧？

不生气。

不许撒谎！

如果遭人当面辱骂，我就会考虑一下那个人隐藏的"目的"。不仅仅是直接的当面辱骂，当被对方的言行激怒的时候，也要认清对方是在挑起"权力之争"。

遭受过父母虐待的孩子有些会误入歧途、逃学，甚至会出现割腕等自残行为。

如果按照弗洛伊德的原因论，肯定会从简单的因果律角度归结为："因为父母用这样的方法教育，所以孩子才变成这样。"

但是，阿德勒式的目的论不会忽视孩子隐藏的目的——也就是"报复父母"。

孩子并不是受过去原因（家庭环境）的影响，而是为了达到现在的目的（报复父母）。

承认错误，不代表你失败了

那么，如果当面受到了人格攻击的话，该怎么办呢？要一味地忍耐吗？

不，"忍耐"这种想法本身就表明你依然拘泥于权力之争。而是要对对方的行为不做任何反应。我们能做的就只有这一点。

首先希望你能够理解这样一个事实，那就是发怒是交流的一种方式，而且不使用发怒这种方式也可以交流。

我们即使不使用怒气，也可以进行沟通以及取得别人的认同。如果能够从经验中明白这一点，那自然就不会再有怒气产生了。

但是，即使对方明显找碴儿挑衅，恶意说一些侮辱性的语言，也不能发怒吗？

你似乎还没有真正理解。不是不能发怒，而是"没必要依赖发怒这一工具"。

易怒的人并不是性情急躁，而是不了解发怒以外的有效交流工具。

发怒之外的有效交流……

我们有语言，可以通过语言进行交流；要相信语言的力量，相信具有逻辑性的语言。

关于权力之争，还有一点需要注意。那就是无论认为自己多么正确，也不要以此为理由去责难对方。这是很多人都容易陷落进去的人际关系圈套。

为什么？

人在人际关系中一旦确信"我是正确的"，那就已经步入了权力之争。

也就是说，如果过度拘泥于胜负就无法作出正确的选择？

是的。眼镜模糊了，只能看到眼前的胜负就会走错道路，我们只有摘掉竞争或胜负之争的眼镜才能够改变并完善自己。

人生的三大课题：交友课题、工作课题以及爱的课题

人际关系是一个怎么考虑都不为过的重要问题。上次我就说过"你所缺乏的是获得幸福的勇气"这样的话，你还记得吧？

即使想忘也忘不了啊。

那么你为什么把别人看成是"敌人"而不能认为是"伙伴"呢？那是因为勇气受挫的你在**逃避**"人生的课题"。

是的。这非常重要。阿德勒心理学在人的行为方面和心理方面都提出了相当明确的目标。

人生的课题？

行为方面的目标有以下两点：
① 自立。
② 与社会和谐共处。

而且，支撑这种行为的心理方面的目标也有以下两点：
① "我有能力"的意识。
② "人人都是我的伙伴"的意识。

而且，这些目标可以通过阿德勒所说的直面"人生课题"来实现。

121

那么，"人生课题"
又指什么呢？

阿德勒把人生中产生的人际关系分
为"工作课题""交友课题"和
"爱的课题"这三类，又统称为
"人生课题"。

这里的课题是指作为社会人的义务
吗？也就是类似于劳动或纳税之类
的事情。

不，请你把它理解为单
纯的人际关系。

一个个体在想要作为社会性的存在生
存下去的时候，就会遇到不得不面对
的人际关系，这就是人生课题。

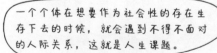

哦，具体来讲呢？

首先，我们从"工作课题"来考虑。无论什么种类的工作，都不是一个人可以独立完成的。

广义上来说也许如此。

不过，如果从距离和深度这一观点来考虑的话，工作上的人际关系可以说门槛最低。

工作上的人际关系因为有着成果这一简单易懂的共通目标，即使有些不投缘也可以合作或者说必须合作；而且，因"工作"这一点结成的关系，在下班或者转行后就又可以变回他人关系。

的确如此。

在这个阶段的人际关系方面出现问题的，就是那些被称为自闭的人。

唉？请稍等！先生您是说他们并非不想工作或者拒绝劳动，只是为了逃避"工作方面的人际关系"才不想去上班的？

本人是否意识到这一点暂且不论，但核心问题就是人际关系。

不是讨厌工作本身，而是讨厌因为工作而受到他人的批评和指责，更讨厌无可替代的"我"的尊严受到伤害。

也就是说，一切都是人际关系的问题。

浪漫的红线和坚固的锁链

……嗯，我一会儿再反驳您！接下来，所谓"交友课题"又是指什么？

这是指脱离了工作的、更广泛意义上的朋友关系。正因为没有了工作关系那样的强制力，所以也就更加难以开始和发展。

啊，是呀！如果有学校或者职场之类的"场合"，还可以构建关系，但也只是限于那种场合的表面关系。

但是，如果进一步发展成朋友关系或者在学校和职场之外的地方交到朋友，这实在是非常困难。

你有可以称得上是知己的朋友吗？

有朋友。但是，要说能称得上知己的……

朋友或熟人的数量没有任何价值。这是与爱之主题有关的话题，我们应该考虑的是关系的距离和深度。

我以后也可以交到好朋友吗？

当然可以。只要你变了，周围也会改变。阿德勒心理学不是改变他人的心理学，而是追求自我改变的心理学。

不能等着别人发生变化，也不要等着状况有所改变，而是由你自己勇敢迈出第一步。

事实上，你这样到我的房间来拜访，而我就可以得到一位你这样的年轻朋友。

先生您是说我是您的朋友？

我们在这里的对话不是咨询辅导，我们也不是工作关系。对我来说，你就是一位无可替代的朋友。难道你不这么认为吗？

这一点可以分成两个阶段：一个就是所谓的恋爱关系，而另一个就是与家人的关系，特别是亲子关系。

不、不！现在我还不想考虑这一点。咱们继续吧！最后的"爱的课题"是指什么呢？

在工作、交友和爱这三大课题中，爱之课题恐怕是最难的课题。

例如，当由朋友关系发展成恋爱关系的时候，一些在朋友之间被允许的言行就不再被允许了。具体说来，例如不可以跟异性朋友一起玩儿，有时候甚至仅仅因为跟异性朋友打电话，恋人就会吃醋。

是啊，这也是没办法的事情。

但是，阿德勒不同意束缚对方这一点。如果对方过得幸福，那就能够真诚地去祝福，这就是爱。相互束缚的关系很快就会破裂。

不不，这种论调有不忠之嫌啊！如果对方非常幸福地乱搞胡混，难道也要对其这种姿态给予祝福吗？

并不是积极地去肯定花心。请你这样想，如果在一起感到苦闷或者紧张，那即使是恋爱关系也不能称之为爱。

当人能够感觉到"与这个人在一起可以无拘无束"的时候，才能够体会到爱。

既没有自卑感也不必炫耀优越性，能够保持一种平静而自然的状态。真正的爱应该是这样的。

另外，束缚是想要支配对方的表现，也是一种基于不信任感的想法。与一个不信任自己的人处在同一个空间里，那就根本不可能保持一种自然状态。

阿德勒说："如果想要和谐地生活在一起，那就必须把对方当成平等的人。"

嗯。

恋爱关系或夫妻关系还可以选择"分手"。即使常年一起生活的夫妻，如果难以继续维持关系的话，也可以选择分手。

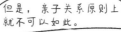

但是，亲子关系原则上就不可以如此。

假如恋爱是用红色丝线系起来的关系的话，那亲子关系就是用坚固的锁链联结起来的关系。而且，自己手里只有一把小小的剪刀。亲子关系难就难在这里。

那么，怎么做才好呢？

现阶段能说的就是**不能够逃避**。无论多么困难的关系都不可以选择逃避，必须勇敢去面对。即使最终发展成用剪刀剪断，也要首先选择面对。**最不可取的就是在"这样"的状态下止步不前。**

"人生谎言" 教我们学会逃避

啊，我的头又乱了。先生也说过吧，我之所以把别人看成是"敌人"而不能看成是"伙伴"，是因为在逃避人生的课题。那究竟是什么意思呢？

假设你讨厌A这个人，说是因为A身上有让人无法容忍的缺点。

是啊，如果是讨厌的人，那还真不少。

但是，那并不是因为无法容忍A的缺点才讨厌他，而是你先有"要讨厌A"这个目的，之后才找出了符合这个目的的缺点。

人就是这么任性而自私的生物，一旦产生这种想法，无论怎样都能发现对方的缺点。即使对方是圣人君子一样的人物，也能够轻而易举地找到对方值得讨厌的理由。

正因为如此，世界才随时可能变成危险的所在，人们也就有可能把所有他人都看成"敌人"。

那么，您是说我为了逃避人生课题或者进一步说是为了逃避人际关系，仅仅为了这些我就去捏造别人的缺点？

是这样的。阿德勒把这种企图设立种种借口来回避人生课题的情况叫作"人生谎言"。

您是打算要遣责我吧？说我是一个骗子、一个懦夫！说全都是我的责任！

请你不要用怒气来回避这个问题。这是非常关键的。

阿德勒并不打算用善恶来区分人生课题或者人生谎言。我们现在应该谈的既不是善恶问题也不是道德问题，而是"勇气"问题。

又是"勇气"吗？

是的。这不是一个应该从道德方面来遣责的问题，它只是"勇气"的问题。

阿德勒心理学是 "勇气的心理学"

如此说来，先生您上次也说过，阿德勒心理学是 "勇气心理学"。

如果再加上一点的话，那就是阿德勒心理学不是 "拥有的心理学" 而是 "使用的心理学"。

也就是 "不在于被给予了什么，而在于如何去使用被给予的东西" 那句话吗？

是的，你记得很清楚嘛。弗洛伊德式的原因论是 "拥有的心理学"，继而就会转入决定论。而阿德勒心理学是 "使用的心理学"，起决定作用的是你自己。

我们人类并不是会受原因论所说的精神创伤所摆弄的脆弱存在。从目的论的角度来讲，我们是用自己的手来选择自己的人生和生活方式。**我们有这种力量。**

但说实话，我没有信心能够克服自卑情结，即便那是一种人生谎言，我今后恐怕也无法摆脱这种自卑情结。

为什么会那样想呢？

我所缺乏的肯定就是勇气。但是，先生的话终归只是精神论吧！只不过是说些"你就是缺乏勇气，要拿出勇气来！"之类的激励的话。

总而言之，你就是希望听到具体对策，对吧？

正是。我是人，不是机器，不可能一听到"拿出勇气"之类的指令后，就马上像加油一样地去补充勇气！

我知道了。但是，今晚也已经很晚了，所以下次我再告诉你吧。也许下次还要讨论一下自由这个话题。

不是勇气吗？

是的，是关于谈论勇气的时候不可不提的有关自由的讨论。请你也思考一下自由是什么。

好吧。那么，期待着下次见面。

第三夜 让干涉你生活的人见鬼去

苦苦思索两周之后，青年再次来到哲人的书房。

自由是什么？
我为什么不能获得自由？
真正束缚我的究竟是什么？

青年被布置的作业实在是太沉重，根本无法找出合适的答案。青年越想越感觉自己缺少自由。

自由就是不再寻求认可？

您上次说今天要讨论自由吧？

是的，你考虑过自由是什么了吗？

有一个不是我自己的想法。"货币是被铸造的自由。"它是陀思妥耶夫斯基的小说中出现的一句话。

"被铸造的自由"这种说法是何等的痛快啊！我认为这是一句非常精辟的话，它一语道破了货币的本质。

的确如此。如果要坦率地说出货币所带来的东西的本质的话，那或许就是自由。

那么，假设你得到了金钱方面的自由，但仍然无法获得幸福。这种时候，你所剩下的是什么样的烦恼和什么样的不自由呢？

那就是先生再三提到的人际关系了。这一点我也仔细想过了。我们其实都挣扎般地活在各种各样的"羁绊"之中——不得不和讨厌的人交往，不得不忍受讨厌的上司的嘴脸等。

请您想象一下，如果能够从烦琐的人际关系中解放出来的话，那会有多么轻松啊！但是，这种事任何人都做不到。

阿德勒所说的"一切烦恼皆源于人际关系"真可谓是真知灼见啊。一切的事情最终都会归结到这一点上。

这的确很重要。请你再深入考虑一下，到底是人际关系中的什么剥夺了我们的自由呢？

您说如果能够把别人看成"伙伴"，那么对世界的看法也会随之改变。这种说法我完全可以接受。

但是，再仔细一想，觉得人际关系中还有些无法仅仅用这一道理来解释的要素。

比如呢？

最简单易懂的就是父母的存在。在孩童时代，他们作为最大的庇护者养育和守护了我。

不过，我父母是非常严厉的人。对于我的人生，他们也总是指手画脚。

最后你是怎么做的呢？

在上大学之前，我一直认为不能无视父母的意愿，所以总是既烦恼又反感。

但事实上，我在不知不觉间就把自己的希望和父母的希望重合在了一起。虽然工作是按照自己的意愿选的。

当你按照父母的意愿
选择大学的时候，你对父母是
一种什么样的感情呢？

很复杂。虽然也有怨气，
但又有一种安心感，心里想：
"如果是这个学校的话，应该能
够得到父母的认可吧。"

那么，"能够得到认可"
又是指什么呢？

就是所谓的"认可欲求"，
人际关系的烦恼都集中在这一点上。
我们在活着时常需要得到他人的
认可。

正因为对方不是令人讨厌的"敌人",所以才想要得到那个人的认可!对,我就是想要得到父母的认可!

明白了。关于现在这个话题,我要先说一下阿德勒心理学的一个大前提。阿德勒心理学否定寻求他人的认可。

否定认可欲求?

根本没必要被别人认可,也不要去寻求认可。这一点必须事先强调一下。

哎呀,您在说什么呢!认可欲求不正是推动我们人类进步的普遍欲求吗?!

要不要活在别人的期待中？

我们用一个身边的例子来考虑一下。比如，你在工作单位捡了垃圾。但是，周围的人根本没人注意到这一点；或者即使注意到了，也没有人说一句感谢或表扬的话。

那么，你以后还会继续捡垃圾吗？

这真是一个困难的问题啊。如果没有得到任何人的感谢，那也许以后就不会再去做了吧。

为什么呢？

捡垃圾是"为了大家"。为了大家流汗受累，却连一句感谢的话都得不到。如果这样的话也许就不想再做下去了吧。

不对！请您不要把话题缩小！我不是在讨论教育。希望得到喜欢的人的认可，希望被身边的人接纳，这都是非常自然的欲求！

你犯了一个大大的错误。其实，我们"并不是为了满足别人的期待而活着"。

你不是为了满足别人的期待而活着，我也不是为了满足别人的期待而活着。我们没必要去满足别人的期待。

您说什么？

不不，这是非常自私的论调！您是说要只为自己着想、自以为是地活着吗？

如果一味寻求别人的认可、在意别人的评价，那最终就会活在别人的人生中。

什么意思？

过于希望得到别人的认可，就会按照别人的期待去生活。也就是舍弃真正的自我，活在别人的人生之中。

假如说你"不是为了满足他人的期待而活"，那他人也"不是为了满足你的期待而活"。当别人的行为不符合自己的想法的时候也不可以发怒。这也是理所当然的事情。

不对！这简直是一种彻底颠覆我们的社会的论调！先生您的主张诱导人孤立甚至对立，是一种令人唾弃的危险思想！

那么，得到了认可就真的会幸福吗？

哎呀，这个嘛……

想要取得别人认可的时候，几乎所有人都会采取"满足别人的期待"这一手段。

但是，如果工作的主要目标成了"满足别人的期待"，那工作就会变得相当痛苦吧。因为那样就会一味在意别人的视线、害怕别人的评价，根本无法做真正的自己。

也许你会感到意外，但事实上，来接受心理咨询辅导的人几乎没有任性的人。

反而很多人是苦恼于要满足别人的期待、满足父母或老师的期待，无法按照自己的想法去生活。

那么，您是说要我做一个任性自私的人吗？

并不是旁若无人地任意横行。要理解这一点，需要先了解阿德勒心理学中的"课题分离"这一主张。

把自己和别人的 "人生课题" 分开来

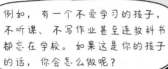

例如，有一个不爱学习的孩子，不听课、不写作业甚至连教科书都忘在学校。如果这是你的孩子的话，你会怎么做呢？

当然是想尽一切办法地让其学习呀！实际上我就是这样长大的——做不完当天的作业，父母就不让吃晚饭。

那么，我再问你一个问题：被这种强制性的手段强迫学习，那你最终喜欢上学习了吗？

很遗憾，没能喜欢上学习。为了学校或者考试的学习只是应付而已。

学习是孩子的课题。与此相对，父母命令孩子学习就是对别人的课题妄加干涉。如果这样的话，那肯定就避免不了冲突。

因此，我们必须从"这是谁的课题"这一观点出发，把自己的课题与别人的课题分离开来。

分离之后再怎么做呢？

不干涉他人的课题。仅此而已。

……仅此而已吗？

基本上，一切人际关系矛盾都起因于对别人的课题妄加干涉或者自己的课题被别人妄加干涉。

只要能够进行课题分离，人际关系就会发生巨大改变。

我还是不太明白，究竟如何辨别"这是谁的课题"呢？

实际上，在我看来让孩子学习是父母的责任和义务。因为，几乎没有真心喜欢学习的孩子，而父母则是孩子的保护人。

辨别究竟是谁的课题的方法非常简单，只需要考虑一下"某种选择所带来的结果最终要由谁来承担？"。

如果孩子选择"不学习"这个选项，那么由这种决断带来的后果——例如成绩不好、无法上好学校等——最终的承担者不是父母，而是孩子。

也就是说，学习是孩子的课题。

不不，根本不对！为了不让这种事态发生，既是人生前辈又是保护人的父母有责任告诫孩子"必须好好学习！"。这是为孩子着想，而不是妄加干涉。

"学习"或许是孩子的课题，但"让孩子学习"却是父母的课题。

阿德勒心理学并不是推崇放任主义，而是在了解孩子干什么的基础上对其加以守护。

这不仅仅限于亲子关系吧？

当然。例如，阿德勒心理学的心理咨询辅导认为，被辅导者是否改变并不是辅导顾问的课题。

辅导顾问要竭尽全力地加以援助，但不可以妄加干涉。某个国家有这么一句谚语：可以把马带到水边，但不能强迫其喝水。

辅导顾问不改变被辅导者的人生吗？

能够改变自己的只有自己。

即使父母也得放下孩子的课题

那么，出现闭居在家的情况该怎么办呢？也就是像我朋友那样的情况。

即使那样，您依然要说"课题分离""不可以干涉""跟父母无关"之类的话。

是否从闭居在家的状态中解脱出来或者如何解脱出来，这些原则上是应该由本人自己解决的课题，父母不可以干涉。

最重要的是，孩子在陷入困境的时候是否想要真诚地找父母商量，或者能不能从平时开始就建立起那种信赖关系。

那么，假如先生您的孩子闭居在家，您会怎么办呢？请您不要作为哲学家而是作为一个父亲来回答这个问题。

首先，我会断定"这是孩子的课题"。对孩子的闭居状态不妄加干涉也不过多关注。而且，我会告诉孩子在他困惑的时候我随时准备给予援助。

苦恼于与孩子之间的关系的父母往往容易认为：孩子就是我的人生。总之就是把孩子的课题也看成是自己的课题，他们已经失去了自我。

但即使父母再怎么背负孩子的课题，孩子依然是独立的个人，不会完全按照父母的想法去生活。

当然，我也会担心甚至会想要去干涉。但是，即使是自己的孩子也不是为了满足父母的期待而活。

您是说就连家人也要划清界限？

正因为是关系紧密的家人，才更有必要有意识地去分离课题。

这太奇怪了！先生，您一方面宣扬爱，另一方面又去否定爱。如果那样与别人划清界限的话，岂不是谁都不能信任了吗？！

信任这一行为也需要进行课题分离。信任别人，这是你的课题。但是，如何对待你的信任，那就是对方的课题了。

如果不分清界限而是把自己的希望强加给别人的话，那就变成粗暴的"干涉"了。

太难了！这太难了！

如果你正在为自己的人生而苦恼——这种苦恼源于人际关系——那首先请弄清楚"这不是自己的课题"这一界限；然后，请丢开别人的课题。

放下别人的课题，烦恼轻轻飞走

关于自己的人生你能够做的就只有"**选择自己认为最好的道路**"。

别人如何评价你的选择，那是别人的课题，你根本无法左右。

别人如何看自己，无论是喜欢还是讨厌，那都是对方的课题而不是自己的课题。先生您是这个意思吗？

分离就是这么回事。你太在意别人的视线和评价，所以才会不断寻求别人的认可。

我的建议是这样。首先要思考一下"这是谁的课题",然后进行课题分离——哪些是自己的课题,哪些是别人的课题,要冷静地划清界限。

不去干涉别人的课题,也不让别人干涉自己的课题。这就是阿德勒心理学给出的具体而且有可能彻底改变人际关系烦恼的具有划时代意义的观点。

……是呀,先生您之前说今天的议题是"自由",这一点我渐渐看出来了呀。

是的,我们马上就要说到"自由"了。

对认可的追求，扼杀了自由

然而，按照自己喜欢的方式去生活却非常难。自己期望什么、想要成为什么、希望过怎样的人生，这些都很难具体把握。

别人对自己抱有怎样的期待或者自己被别人寄予了什么样的希望，这并不难以判断。

的确，按照别人的期待生活会比较轻松，因为那是把自己的人生托付给了别人，比如走在父母铺好的轨道上。

但是，如果要自己决定自己的道路，那就有可能会迷路，甚至也会面临着"该如何生存"这样的难题。

在意别人的视线、看着别人的脸色生活、为了满足别人的期望而活着，这或许的确能够成为一种人生路标，但这却是极其不自由的生活方式。

那么，为什么要选择这种不自由的生活方式呢？你用了"认可欲求"这个词，总而言之就是**不想被任何人讨厌**。

哪里有想故意惹人厌的人呢？

的确没有希望惹人厌的人。

但是，为了不被任何人厌恶需要怎么做呢？答案只有一个。那就是时常看着别人的脸色并发誓忠诚于任何人。

哎呀！先生您可既是虚无主义者，又是无政府主义者，同时还是享乐主义者啊！

选择了不自由生活方式的大人看着自由活在当下的年轻人就会批判其"享乐主义"。

当然，这其实是为了让自己接受不自由生活而捏造的一种人生谎言。选择了真正自由的大人就不会说这样的话，相反还会鼓励年轻人要勇于争取自由。

刚才几次提到了自由，那么先生认为的自由究竟是什么呢？我们又如何才能获得自由呢？

自由就是被别人讨厌

你刚才承认"不想被任何人讨厌",并且说"想要故意招人讨厌的人根本没有"。

是的。

不想被别人讨厌,这对人而言是非常自然的欲望和冲动。近代哲学巨人康德把这种欲望称作"倾向性"。

倾向性?

是的,也就是本能性的欲望、冲动性的欲望。

那么,按照这种"倾向性",也就是按照欲望或冲动去生活、像自斜坡上滚下来的石头一样生活,这是不是"自由"呢?绝对不是!

这种生活方式只是欲望和冲动的奴隶。真正的自由是一种把滚落下来的自己从下面向上推的态度。

您是说对抗本能和冲动便是自由？

阿德勒心理学认为"一切烦恼皆源于人际关系"。也就是说，我们都在追求从人际关系中解放出来的自由。

但是，一个人在宇宙中生存之类的事情根本不可能。想到这里自然就能明白何谓自由了吧。

是什么？

也就是说"自由就是被别人讨厌"。

什、什么？！

是你被某人讨厌。这是你行使自由以及活得自由的证据，也是你按照自我方针生活的表现。

哎、哎呀，但是……

的确，招人讨厌是件痛苦的事情。但是，八面玲珑地讨好所有人的生活方式是一种极其不自由的生活方式，同时也是不可能实现的事情。

如果想要行使自由，那就需要付出代价。而在人际关系中，自由的代价就是被别人讨厌。

不对！绝对不对！这不是自由！这是一种教唆人为恶的恶魔思想！

你一定认为自由就是"从组织中解放出来"吧。认为自由就是从家庭、学校、公司或者国家等团体中跳出来。但是，即使跳出组织也无法得到真正的自由。

毫不在意别人的评价、不害怕被别人讨厌、不追求被他人认可，如果不付出以上这些代价，那就无法贯彻自己的生活方式，也就是不能获得自由。

……先生是对我说"要去惹人厌"吗？

我是说不要害怕被人讨厌。

虽然不想被人讨厌，但即使被人讨厌也没有关系？

是啊。"不想被人讨厌"也许是我的课题，但"是否讨厌我"却是别人的课题。即使有人不喜欢我，我也不能去干涉。

如果用刚才介绍过的那个谚语说的话，那就是只付出"把马带到水边"的努力，是否喝水是那个人的课题。

那么结论呢？

获得幸福的勇气也包括"被讨厌的勇气"。一旦拥有这种勇气，你的人际关系也会一下子变得轻松起来。

第四夜　要有被讨厌的勇气

差点就被骗了！第二周，青年愤然叩响了哲人的门。课题分离想法的确有用，上一次也确实接受了。但是，那岂不是一种非常孤独的生活方式吗？分离课题、减轻人际关系负担，不也就意味着要失去与他人的联系吗？最后岂不是要遭人厌弃？如果这叫作自由，那我宁可选择不自由。

个体心理学和整体论

关于课题分离还有自由，那之后我又独自冷静地想了想。即使如此，我还是认为课题分离不可能实现。

哦。请你讲一讲。

分离课题，这最终是一种划清"我是我，你是你"界限的想法。

的确，人际关系的烦恼也许会减少，但这种生活方式真的正确吗？我只能认为它是一种极其以自我为中心的错误的个人主义。

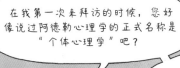

在我第一次来拜访的时候，您好像说过阿德勒心理学的正式名称是"个体心理学"吧？

我一直很在意这个名字，现在终于理解了。总而言之，阿德勒心理学即个体心理学，是引导人走向孤立的个人主义的学问。

的确，阿德勒所命名的"个体心理学"这一名称也许很容易招人误解。在这里我要简单做一下说明。

首先，在英语中，个体心理学叫作"individual psychology"。而且，这里的个人（individual）一词在语源上有**"不可分割"**的意思。

不可分割？

总之就是不可再分的最小单位
的意思。

阿德勒反对把精神和身体、
理性和感情以及意识和无意识等分开考
虑的一切二元论的价值观。

心灵和身体会有联系吧。

理性和感情、意识和无意识也
是一样。

一般情况下，冷静的人不会因
被冲动驱使而大发雷霆。我们并不是受
感情这一独立存在所左右，而是
一个统一的整体。

当然，心灵和身体是不一样的存在，理性和感情也各有不同，而且还有有意识和无意识之分，这些都是事实。

但是，当对他人大发雷霆的时候，那是"作为整体的我"选择了勃然大怒，绝对不是感情这一独立存在——可以说与我的意志无关——发出了怒吼。

您是说我对服务员发火那件事吧？

是的。像这样把人看作不可分割的存在和作为"整体的我"来考虑的方式叫作"整体论"。

那倒是可以。但是先生，我并不想听您空谈"个人"的定义。

如果彻底探讨阿德勒心理学会发现它最终将把人导向"我是我、你是你"的孤立境地。也就是我不干涉你，你也别干涉我，彼此都任性地活着。请您坦率地分析一下这一点。

人际关系并不止于课题分离。相反，分离课题是人际关系的出发点。

今天我们来深入讨论一下阿德勒心理学是如何看待整个人际关系的以及我们应该与他人缔结什么样的人际关系。

人际关系的终极目标

那么，我来问一下。在这里请您只简单地回答结论。先生您说课题分离是人际关系的出发点。那么，人际关系的"终点"在哪里呢？

如果只回答结论的话，那就是"共同体感觉"。

……共同体感觉？

是的。这是阿德勒心理学的关键概念，也是争议最大的地方。事实上，当阿德勒提出共同体感觉这一概念的时候，很多人都离他而去。

如果他人是伙伴，我们生活在伙伴中间，那就能够从中找到自己的"位置"，而且还可以认为自己在为伙伴们——也就是共同体——做着贡献。

那是怎样的概念呢？

像这样把他人看作伙伴并能够从中感到"自己有位置"的状态，就叫共同体感觉。

究竟哪里是重点呢？这主张也太空洞了吧？

你听到共同体这个词会有什么印象呢？

哎呀，应该就是家庭、学校、单位、地域社会之类的范围吧。

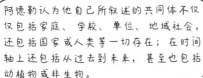

阿德勒认为他自己所叙述的共同体不仅仅包括家庭、学校、单位、地域社会，还包括国家或人类等一切存在；在时间轴上还包括从过去到未来，甚至也包括动植物或非生物。

啊？！

也就是主张共同体包括了从过去到未来，甚至包括宇宙整体在内的"一切"。

不不，根本弄不懂是什么意思。宇宙？过去或未来？您究竟在说什么呢？

听了这话，大部分人都会产生同样的疑问。甚至阿德勒本人都承认自己所说的共同体是"难以实现的理想"。

哈哈，这就麻烦了啊！那么，我反过来问问您。先生您能够彻底理解并接受这种甚至包括了宇宙整体的共同体感觉吗？

啊？

我认为是。我甚至认为，如果不理解这一点就无法理解阿德勒心理学。

就像我一直说的那样，阿德勒心理学认为"一切烦恼皆源于人际关系"。不幸之源也在于人际关系。

的确。

反过来说就是，幸福之源也在于人际关系。

共同体感觉是幸福的人际关系的最重要的指标。

在英语中，共同体感觉叫作"social interest"，也就是"对社会的关心"。你知道社会学上所讲的社会的最小单位是什么吗？

社会的最小单位？哎呀，是家庭吧。

不对，是"**我和你**"。只要有两个人存在，就会产生社会、产生共同体。

以此为起点怎么做呢？

把对自己的执着（self interest）变成对他人的关心（social interest）。

"拼命寻求认可" 反而是以自我为中心？

这里我们把"对自己的执着"这个词换成更容易理解的"以自我为中心"。在你印象中，以自我为中心的人是什么样的人呢？

哦，首先想到的是暴君一样的人物吧，残暴蛮横、不顾别人的感受、只考虑自己，认为整个世界都要围着自己转，依仗权力或暴力，像专制君主一样横行霸道，对周围人来说是非常麻烦的人物。

莎士比亚戏剧中的李尔王等就是典型的暴君类型。

的确如此。

另外，虽不是暴君，但却破坏集团和谐的人物也可以说是以自我为中心。

不参加集体活动而喜欢单独行动，即使迟到或者爽约也毫不反省。用一句话形容就是自私任性的人。

的确，对以自我为中心的人物的一般印象就是这些。但是，还必须再加上一种类型。

实际上，不能进行"课题分离"、一味拘泥于认可欲求的人也是极其以自我为中心的人。

受这种认可欲求束缚的人看似在看着他人，但实际上眼里却只有自己。

为什么？

失去了对他人的关心而只关心"我"，也就是以自我为中心。

那么，也就是说像我这样非常在意别人评价的人也是以自我为中心吗？虽然如此竭尽全力地在迎合他人？！

是的。在只关心"我"这个意义上来讲，是以自我为中心。

这不是对他人的关心，而是对自己的执着。

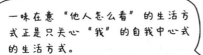

一味在意"他人怎么看"的生活方式正是只关心"我"的自我中心式的生活方式。

不仅仅是你，凡是执着于"我"的人都是以自我为中心的。所以，必须把"对自己的执着"换成"对他人的关心"。

啊？这可真是令人吃惊的言论啊！

如果把我的人生看作是一部长篇电影，那主人公肯定是"我"吧？那么，把摄像机聚焦到主人公身上有什么错呢？

你不是世界的中心，只是世界地图的中心

自己人生的主人公是"我"。这种认识并没有问题。但是，这并不意味着"我"君临于世界的中心。

"我"是自己人生的主人公，同时也是共同体的一员，是整体的一部分。

整体的一部分？

只关心自己的人往往认为自己位于世界的中心。对于这样的人来说，他人只是"为我服务的人"；他们超越了"人生的主人公"，进而越位到"世界的主人公"。

这就奇怪了。先生您自己不也说了吗？我们生活在主观的世界中。

只要世界是主观的空间，那么位于其中心的就肯定是我。这一点毫无改变！

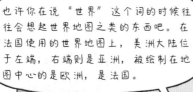

也许你在说"世界"这个词的时候往往会想起世界地图之类的东西吧。在法国使用的世界地图上，美洲大陆位于左端，右端则是亚洲，被绘制在地图中心的是欧洲，是法国。

如果是中国使用的地图，那么中国就会被绘制在中心位置，美洲大陆在右端、欧洲在左端。

也许法国人在看中国版世界地图的时候会产生一种难以名状的不协调感，认为自己被非常不当地赶到了边缘，仿佛世界被任意切割了一样。

是的，肯定会那样。

但是，在地球仪上看世界的时候又会如何呢？一切地方都是中心，同时一切地方又都不是中心。

嗯，的确如此。

刚才所说的"你并不是世界的中心"也是一样，你是共同体的一部分，而不是中心。

如果你认为自己就是世界的中心，那就丝毫不会主动融入共同体中。

但是，无论是你还是我，我们都不是世界的中心，必须用自己的脚主动迈出一步去面对人际关系课题；不是考虑"这个人会给我什么"，而是要必须思考一下"**我能给这个人什么**"。

您是说只有付出了才能够找到自己的位置？

是的。归属感不是生来就有的东西，要靠自己的手去获得。

批评不好……表扬也不行？

先生您并没有说到关键问题，也就是从"课题分离"到"共同体感觉"发展的路线。

是的，重要的就是这里——分离课题如何带来良好的关系。也就是，如何才能形成相互协调与合作的关系？

这里就需要提到"横向关系"这个概念。

横向关系？

举一个容易明白的亲子关系的例子。在教育孩子或是培养部下的时候，一般都认为有两个方法：批评教育法和表扬教育法。

请你考虑一下表扬这种行为的实质。假设我赞美你，说"不错嘛，你做得很好"。你不觉得这种话有些别扭吗？

那句"不错嘛，你做得很好"中所包含的俯视般的语感让人不愉快。

是的。表扬这种行为含有"有能力者对没能力者所做的评价"这方面的特点。

有的母亲会赞美帮忙准备晚饭的孩子说"你真了不起"。但是，如果是丈夫做了同样的事情则一般不会表扬说"你真了不起"吧。

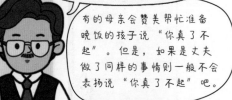

哈哈，的确如此。

也就是说，用"你真了不起""做得很好"或者"真能干"之类的话表扬孩子的母亲无意之中就营造了一种上下级关系——把孩子看得比自己低。

人表扬他人的目的就在于"操纵比自己能力低的对方"，其中既没有感谢也没有尊敬。

为了操纵而表扬？

是的。我们表扬或者批评他人只有"用糖还是用鞭子"的区别，其背后的目的都是操纵。

阿德勒心理学之所以强烈否定赏罚教育，就因为它是为了操纵孩子。

不不，这不对。请您站在孩子的立场考虑一下。对孩子来说，被父母表扬是无上的喜悦吧？

正因为希望得到表扬才努力学习、好好表现。实际上，我在小时候就非常希望得到父母的表扬。这是一种不关乎理论的本能的感情。

希望被别人表扬或者反过来想要去表扬别人，这是一种把一切人际关系都理解为"纵向关系"的证明。

阿德勒心理学反对一切"纵向关系"，提倡把所有的人际关系都看作"横向关系"。

有些男人会骂家庭主妇
"又不挣钱！""是谁养着你呀？"
"钱随便你花，还有什么不满的呀？"，
这都是多么无情的话呀！

经济地位跟人的价值毫无关系。
公司职员和家庭主妇只是劳动场所和任务
不同，完全是"虽不同但平等"。

的确如此。

他们恐怕是非常害怕女性
变得聪明、比自己挣钱多或者是跟自己
顶嘴之类的事情。

他们把人际关系都看成是
"纵向关系"，害怕被女性瞧不起，
也就是在掩饰自己强烈的自卑感。

是不是在某种意义上已经陷入了
想要尽力夸耀自己能力的优越情结呢？

是这样的。自卑感原本
就是从纵向关系中产生的
一种意识。

在说明课题分离的时候我说过
"干涉"这个词。也就是一种对他人的课
题妄加干涉的行为。正因为把人际关系看
成纵向关系、把对方看得比自己低，
所以才会去干涉。

如果能够建立起横向关系，
那也就不会再有干涉吗？

不会再有。

既不表扬也不批评？

是的，既不表扬也不批评。阿德勒心理学把这种基于横向关系的援助称为"鼓励"。

鼓励？……啊，以前您说过日后要对其进行说明的一个词。

人害怕面对课题并不是因为没有能力。阿德勒心理学认为这不是能力问题，纯粹是"缺乏直面课题的'勇气'"。

首先应该进行课题分离，然后应该在接受双方差异的同时建立平等的横向关系。"鼓励"则是这种基础之上的一种方法。

有价值就有勇气

那么，具体应该如何鼓励呢？既不能表扬也不能批评，其他还有什么话可以选择吗？

如果考虑一下平等的伙伴给你提供工作帮助的时候，答案自然就出来了。例如，当朋友帮助你打扫房间的时候，你会说什么呢？

应该会说"谢谢"。

是的，用"谢谢"来对帮助自己的伙伴表示感谢，或者用"我很高兴"之类的话来传达自己真实的喜悦，用"帮了大忙了"来表示感谢。这就是基于横向关系的鼓励法。

是的。**最重要的是不"评价"他人，**评价性的语言是基于纵向关系的语言。

仅此而已吗？

如果能够建立起横向关系，那自然就会说出一些更加真诚的表示感谢、尊敬或者喜悦的话。

嗯，您所说的评价基于纵向关系这一点的确是事实。但是，"谢谢"这句话真的具有能够助人找回勇气的力量吗？

"谢谢"不是一种评价，而是更加纯粹的感谢之词。人在听到感谢之词的时候，就会知道自己对别人有所贡献。

我对共同体有用?

只要存在着，就有价值

如果按照这种说法往深处想的话，刚出生不久的婴儿以及卧床不起的老人或病人就连活着的价值也没有了。

我明确否定这一点。

怎么否定呢？

当我说明鼓励的概念的时候，有的父母会反驳说："我家的孩子从早到晚净做坏事，根本找不到能对他说'谢谢'或'你帮了我大忙了'之类的话的机会。"你说的话恐怕也是出于同样的逻辑吧？

是的。那么，请您解释一下吧！

你现在是在用"行为"标准来看待他人，也就是那个人"做了什么"这一次元。

的确，按照这个标准来考虑的话，卧病在床的老人只能靠别人照顾，看上去似乎是没有什么用。

因此，请不要用"行为"标准而是用"存在"标准去看待他人；不要用他人"做了什么"去判断，而应对其存在本身表示喜悦和感谢。

对于存在本身表示感谢？究竟是什么意思？

如果按照存在标准来考虑的话，我们仅仅因为"存在于这里"，就已经对他人有用、有价值了，这是不容怀疑的事实。

不不，希望您开玩笑也得有个度啊！仅仅"存在于这里"就对别人有用，这到底是哪里的新兴宗教呀？！

假设你母亲遇到了交通事故，而且陷入昏迷甚至有生命危险。

这个时候，你根本不会考虑母亲"做了什么"之类的问题，你会感到只要母亲活下来就无比高兴，只要今天母亲还活着就谢天谢地。

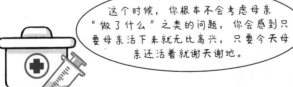

那……那是当然！

存在标准上的感谢就是这么回事。病危状态的母亲尽管什么都做不了，但仅仅她活着这件事本身就可以支撑你和家人的心，发挥巨大的作用。

那是极端状态下的情况，日常生活中完全不同！

不，也一样。

那么，先生是说即使对既不去上学也不去工作、整天只知道闷在家里的孩子也要说"谢谢"吗？

当然。如果能够真诚地说声"谢谢"的话，孩子也许就可以体会到自己的价值，进而迈出新的一步。

无论在哪里，都可以有平等的关系

但是，这又怎么样呢？我活在这里，不是其他人的"我"活在这里。但是，我却感觉不到自己的价值。

从阿德勒心理学来看，答案非常简单：首先与他人之间，只有一方面也可以，要建立起横向关系来。要从这里开始。

请您不要小瞧我！我也有朋友！与他们之间就能够建立起来很好的横向关系。

虽说如此，你与父母或上司，还有后辈或其他人之间建立的是纵向关系吧？

当然，这要区别对待。谁都是如此吧。

这是非常重要的一点。是建立纵向关系？还是建立横向关系？

您是说在纵向关系和横向关系中只能选择一种？

是的。如果你与某人建立起了纵向关系，那你就会不自觉地从"纵向"去把握所有的人际关系。

您是说我甚至对朋友也用纵向关系去理解？

没错。反过来讲，如果能够与某个人建立起横向关系，也就是建立起真正意义上的平等关系的话，那就是生活方式的**重大转变**。

以此为突破口，所有人际关系都会朝着"横向"发展。

你现在就和我建立了这种横向关系，无所顾忌地说着自己的想法。不要瞻前顾后，可以从这里开始。

从这里开始？

是的，从这间小小的书房开始。我前面也说过，对我来说，你是不可替代的朋友。

求之不得，这是求之不得的事情。但是，请给我一些时间。

理解共同体感觉的确需要时间，根本不可能一下子理解所有内容。那么，等你想好了请随时过来。

第五夜　认真的人生"活在当下"

青年认真地思考过了。阿德勒心理学彻底追问了人际关系，而且认为人际关系的最终目的是共同体感觉。但是，真的仅仅如此就可以吗？我难道不是为了完成更多不同的事情才来到这个世界的吗？人生的意义是什么？我想要过怎样的人生？青年越想越觉得自己渺小。

不是肯定自我，而是接纳自我

共同体感觉的确是一个很有吸引力的想法。这是一种说明我们是社会性生物的深刻洞察。

是深刻洞察，但是呢？

如果突然考虑宇宙、非生物、过去或未来之类的事情，根本就摸不着头脑。

不应该这样，而应首先好好理解"我"，接下来考虑一对一的关系，也就是"我和你"的人际关系，然后再慢慢扩展到大的共同体。

的确如此，这是非常好的顺序。

先生您说要停止对“我”的执着，换成“对他人的关心”。关心他人很重要，这一点是事实，我也同意。但是，我们无论怎样都会在意自己、只看到自己。
那你想过为什么会在意自己吗？
正因为厌恶自己，所以才只关注自己；正因为对自己没有自信，所以才会自我意识过剩。
你是在什么样的时候感觉自己自我意识过剩的呢？
例如在开会的时候根本不敢举手发言，总是会因为担心而犹豫不决。

自我意识总是羁绊着自己、严重束缚着自己的言行。我的自我意识根本不允许自己无拘无束地行动。

也就是说，你对本真的自己没有信心吧？所以才尽量避免在人际关系中展露本真的自己。

那么，怎么办好呢？

还是共同体感觉。具体来说就是，把对自己的执着（self interest）转换成对他人的关心（social interest），建立起共同体感觉。

这需要从以下三点做起："自我接纳""他者信赖"和"他者贡献"。

噢，是新的关键词呀。都是什么呢？

首先从"自我接纳"开始说明。

我们既不能丢弃也不能更换"我"这个容器。但是，重要的是"如何利用被给予的东西"来改变对"我"的看法和利用方法。

这是指更加积极、获得更强的自我肯定感、凡事都朝前看吗？

没必要特别积极地肯定自己，不是自我肯定而是自我接纳。

不是自我肯定而是自我接纳？

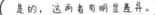

是的，这两者有明显差异。

自我肯定是明明做不到但还是暗示自己说"我能行"或者"我很强"，也可以说是一种容易导致优越情结的想法，是对自己撒谎的生活方式。

而自我接纳是指假如做不到就诚实地接受这个"做不到的自己"，然后尽量朝着能够做到的方向去努力，不对自己撒谎。

说得更明白一些就是，对得了60分的自己说"这次只是运气不好，真正的自己能得100分"，这就是自我肯定；与此相对，在诚实地接受60分的自己的基础上努力思考"如何才能接近100分"，这就是自我接纳。

您是说即使得了60分也不必悲观？

当然，毫无缺点的人根本没有，这在说明优越性追求的时候已经说过了吧？人都处于"想要进步的状态"。

反过来说也就是，根本没有满分的人。这一点必须积极地承认。

信用和信赖有何区别？

当然，也并不是说做到了肯定性达观的自我接纳就可以获得共同体感觉。

还要把"对自己的执着"变成"对他人的关心"，这就是绝对不可以缺少的第二个关键词——"他者信赖"。

他者信赖也就是相信他人吗？

在这里需要把"相信"这个词分成信用和信赖来区别考虑。

当然，无条件地相信他人有时也会遭遇背叛。即使如此却依然继续相信的态度就叫作信赖。

这是缺心眼儿的老好人！先生也许支持性善说，但我却主张性恶说，无条件地相信陌生人会遭人利用！

信赖的反面是什么？

信赖的反义词？

是怀疑。

假设你把人际关系的基础建立在"怀疑"之上，那还能建立起什么积极的关系吗？只有我们选择了无条件的信赖，才可以构筑更加深厚的关系。

决定背不背叛的不是你，那是他人的课题。

您是说这也是课题分离？

是的。就像我反复提到的一样，如果能够进行课题分离，那么人生就会简单得令你吃惊。

那么，难道我们就应该信赖所有人，即使遭到欺骗依然继续相信，一直做个傻瓜式的老好人吗？

如果你并不想与那个人搞好关系的话，也可以用手中的剪刀彻底剪断关系，因为剪断关系是你自己的课题。

工作的本质是对他人的贡献

明白了。假设我能够做到"自我接纳"，并且也能够做到"他者信赖"，那我会因此有什么样的变化呢？

当然，共同体感觉并不是仅凭自我接纳和他者信赖就可以获得的。这里还需要第三个关键词——"他者贡献"。

贡献也就是发扬自我牺牲精神为周围人效劳吧？

他者贡献的意思并不是自我牺牲。

相反，阿德勒把为他人牺牲自己人生的人称作"过度适应社会的人"，并对此给予警示。

他者贡献并不是舍弃"我"而为他人效劳，它反而是为了能够体会到"我"的价值而采取的一种手段。

为了满足"我"而去为他人效劳，这不正是伪善的定义吗？

言之过早了。你还没有真正理解共同体感觉。

那么，关于先生主张的他者贡献，请您举个具体例子吧。

最容易理解的他者贡献就是工作——到社会上去工作或者做家务。

您是说工作的本质是对他人的贡献？

当然，赚钱也是一个重大要素。但是，有些富豪已经拥有了一生也花不完的巨额财产，但他们中的多数人至今依然继续忙碌工作着。

我承认工作有他者贡献的一面。但是，表面上是贡献他人，但最终是为了自己。这种逻辑无论怎么想都是伪善。

在视他人为"敌人"的状态下所作出的贡献也许是伪善的。但是，如果他人是"伙伴"，所有的贡献也就不会是伪善了。

为了方便起见，前面我一直按照自我接纳、他者信赖、他者贡献这种顺序来进行说明。但是，这三者是缺一不可的整体。

正因为接受了真实的自我——也就是"自我接纳"——才能够不惧背叛地做到"他者信赖"；

正因为对他人给予无条件的信赖并能够视他人为自己的伙伴，才能够做到"他者贡献"；

正因为对他人有所贡献，才能够体会到"我对他人有用"进而接受真实的自己，做到"自我接纳"。

"工作狂"是人生谎言

那些号称是"工作狂"的人缺乏人生和谐。

工作狂？为什么？

工作狂只关注人生特定的侧面。也许他们会辩解说："因为工作忙，所以无暇顾及家庭。"

但是，这其实是人生的谎言。只不过是以工作为借口来逃避其他责任。

啊……我父亲就是这样的人。他是个工作狂，一心只想着在工作上出成绩；并且，以自己挣钱为理由来支配家人；是个非常封建的人。

家庭里的工作、育儿、对地域社会的贡献、兴趣等，这一切都是"工作"，公司等只不过是一小部分而已。

只考虑公司的工作，那是一种缺乏人生和谐的生活方式。

哎呀，正是如此！

对于父亲"想想你是靠谁才吃上饭的吧！"这种近似暴力的语言也不能反驳。

也许这样的父亲只能靠"行为标准"来认可自己的价值。但是，任何人都有自己不再是生产者的时候。

上了年纪退休之后不得不靠退休金或孩子们的赡养生活；或者虽然年轻但因为受伤或生病而无法劳动。

这种时候，只能用"行为标准"来接受自己的人总会受到非常严重的打击。

也就是那些拥有"工作就是一切"这种生活方式的人吧？

是的。是缺乏人生和谐的人。

是按照"行为标准"来接受自己还是按照"存在标准"来接受自己，这正是一个有关"获得幸福的勇气"的问题。

从这一刻起，就能变得幸福

……获得幸福的勇气。那么，我要问一下这种"勇气"的具体状态。

那么，我来问问您。先生最终得到幸福了吗？

当然。

为什么您能够如此肯定呢？

对人而言，最大的不幸就是不喜欢自己。

对于这种现实，阿德勒准备了极其简单的回答——"我对共同体有益"或者"我对他人有用"这种想法就足以让人体会到自己的价值。

判断你的贡献是否起作用的不是你，那是他人的课题，是你无法干涉的问题。

也就是说，进行他者贡献时候的我们即使做出看不见的贡献，只要能够产生"我对他人有用"的主观感觉即"贡献感"也可以。

这么说来，先生认为的幸福就是……

你已经察觉到了吧？也就是"幸福即贡献感"。这就是幸福的定义。

追求理想者面前的两条路

既然来到这个世上，如果不成就一番名垂后世的大事业或者不证明我是"独一无二的我"的话，那就不可能得到真正的幸福。

你所说的自我实现式的幸福具体是指什么呢？

我还不太清楚自己在寻找什么以及将来想要干什么。但是，我知道必须得做些事情。

明白了。关于这一点，也许以陷入问题行为的孩子为例进行考虑会更容易理解。

问题行为？

大多数孩子在最初的阶段都是
"希望特别优秀"。

但是，希望特别优秀的愿望
无法实现的时候——例如学习或运动进
展不顺利的时候——就会转而
"希望特别差劲"。

为什么？

无论是希望特别优秀还是希望
特别差劲，其目的都一样——引起
他人的关注、脱离"普通"状态、
成为"特别的存在"。这就是
他们的目的。

本来，无论是学习还是运动，为了取得某些成果就需要付出一定的努力。

但是，"希望特别差劲"的孩子，也就是陷入问题行为的孩子却可以在不付出这种健全努力的情况下也获得他人的关注。阿德勒心理学称之为"廉价的优越性追求"。

也就是说，陷入不良行为的孩子也属于"廉价的优越性追求"？

是这样的。所有的问题行为，例如逃学或者割腕以及未成年人饮酒或吸烟等，一切都是"廉价的优越性追求"。

当孩子陷入问题行为的时候，
父母或周围的大人们会加以训斥。

即使是以被训斥这样一种形式，
孩子还是希望得到父母的关注。

您是说正因为父母训斥，
他们才不停止问题行为？

正是。因为父母或大人们通过
训斥这种行为给予了他们关注。

甘于平凡的勇气

但是，不可能所有人都"特别优秀"吧？

是的，正如苏格拉底的悖论"没有一个人想要作恶"。对于陷入问题行为的孩子来说，就连暴行或盗窃也是一种"善"的存在。

太荒谬了！这岂不是没有出口的理论吗？！

这就需要说到阿德勒心理学非常重视的"甘于平凡的勇气"。

普通并不等于无能，我们根本没必要特意炫耀自己的优越性。

不，我承认追求"特别优秀"有一定的危险性。但是，真的有必要选择"普通"吗？

你是无论如何都想要"特别"吧？

例如拿破仑或者亚历山大大帝，还有爱因斯坦或马丁·路德·金，以及先生非常喜欢的苏格拉底和柏拉图，您认为他们也甘于"平凡"吗？绝不可能！

他们肯定是怀着远大的理想和目标在生活吧！按照先生的道理来讲，一个拿破仑也不会产生！你是在扼杀天才！

你是说人生需要远大的目标？

那是当然！

人生是一连串的刹那

明白了。你所说的远大目标就好比登山时以山顶为目标。

是的，就是这样。人人都会以山顶为目标吧！

但是，假如人生是为了到达山顶的登山，那么人生的大半时光就都是在"路上"。

也就是说，"真正的人生"始于登上山顶的时候，那之前的路程都是"临时的我"走过的"临时的人生"。

可以这么说。现在的我正是在路上的人。

阿德勒心理学的立场与此不同。把人生当作登山的人其实是把自己的人生看成了一条"线"。请不要把人生理解为一条线，而要理解成点的连续。

如果拿放大镜去看用粉笔画的实线，你会发现原本以为的线其实也是一些连续的小点。看似像线一样的人生其实也是点的连续，也就是说人生是连续的刹那。

连续的刹那？

是的，是"现在"这一刹那的连续。我们只能活在"此时此刻"，我们的人生只存在于刹那之中。

自幼便梦想着成为小提琴手而拼命练习的人，最终进入了梦寐以求的乐团；或者是拼命学习通过司法考试的人最终成了律师。

这些都是没有目标和计划的人绝对不可能实现的人生！

人生就像是在每一个瞬间不停旋转起舞的连续的刹那。只要跳着舞的"此时此刻"充实就已经足够。

在舞蹈中，跳舞本身就是目的，最终会跳到哪里谁都不知道。并不存在目的地。

最重要的是 "此时此刻"

先生在否定原因论的时候也否定了关注过去。现在又否定了计划性，也就是否定了按照自己的意思改变未来。

您既否定往后看，同时也否定朝前看。这简直就是说要在没路的地方盲目前行呀！

这不是很自然的事情吗？究竟哪里有问题呢？

您、您说什么？！

请你想象一下自己站在剧场舞台上的样子。如果把强烈的聚光灯对准"此时此刻"，那就会既看不到过去也看不到未来。

人生的意义，由你自己决定

当人生是连续刹那的时候，当人生只存在于"此时此刻"的时候，人生的意义究竟是什么呢？

我是为了什么出生、经受满是苦难的生命、最后迎来死亡的呢？

阿德勒的回答是："并不存在普遍性的人生意义。"

人生没有意义？

例如战祸或天灾的出现。我们也不可能在因卷入战祸而丧命的孩子们面前谈什么"人生意义"。

也就是说，人生并不存在可以作为常识来讲的意义。

正因为这样，我们在遭遇困难的时候才更要向前看，更应该思考"今后能够做些什么？"。

的确如此！

所以阿德勒在说了"并不存在普遍性的人生意义"之后还说："人生意义是自己赋予自己的。"

……那么，请您教教我。我怎样才能给自己无意义的人生赋予应有的意义？

人想要选择自由的时候当然就有可能会迷路。所以，作为自由人生的重大指针，阿德勒心理学提出了"引导之星"。

那颗星是什么呢?

他者贡献。

无论你过着怎样的刹那,即使有人讨厌你,只要没有迷失"他者贡献"这颗引导之星,那么你就不会迷失,而且做什么都可以。

只要自己心中有他者贡献这颗星就一定能够有幸福相伴,有朋友相伴!

而且,我们要像跳舞一样认真过好作为刹那的"此时此刻",既不看过去也不看未来,只需要过好每一个完结的刹那。

250

再送给你一句阿德勒的话："必须有人开始。即使别人不合作，那也与你无关。我的意见就是这样。应该由你开始，不用去考虑别人是否合作。"

我还不知道自己和自己所看到的世界是否会改变。但是，我可以肯定地说："'此时此刻'正散发着耀眼的光芒！"

我相信你已经喝了水。来吧！走在前面的年轻朋友！我们一起前进吧！

……我也相信先生。一起前进吧！谢谢您这么长时间的指导！

我也要谢谢你！

后 记

人生中有时候无意间拿起的一本书就会完全改变之后的人生。

1999年的冬天，当时还是20多岁的"青年"的我在池袋的一家书店里非常幸运地邂逅了这样的一本书——岸见一郎先生的《阿德勒心理学入门》。

浅显易懂的语言、深刻睿智而又简单实用的思想，那种否定心灵创伤、把原因论转换为目的论的哥白尼式的转变，使之前一直被弗洛伊德派或荣格派言论所吸引的我受到了极大的冲击。究竟阿尔弗雷德·阿德勒是什么人呢？为什么自己之前一直不知道他的存在呢？我开始到处搜购关于阿德勒的书并埋头研读。

但是，我逐渐察觉到一个事实。我所探求的不单单是"阿德勒心理学"，而是经过岸见一郎这位哲学家过滤之后，可以称之为"岸见—阿德勒学"的思想。

根据苏格拉底或柏拉图等希腊哲学进行说明的岸见先生的阿德勒心理学告诉我们：阿德勒的理论不仅属于临床心理学的范畴，他还是一位思想家和哲学家。例如，"人只有在社会背景下才能成为个人"这样的话简直就像是黑格尔说的，比起客观事实更重视主观性的解释这一点又是尼采的世界观。此外，与胡塞尔或海德格尔的现象学相通的思想也有很多。

并且，根据这些哲学性洞察，提出"一切烦恼皆源于人际关系""人可以随时改变并能够获得幸福""问题不在于能力而在于勇气"等主张的阿德勒心理学一下子改变了彼时正是烦恼不已的"青年"的我的世界观。

虽说如此，周围却几乎没有知道阿德勒心理学的人。不久我便希望"能够与岸见先生一起出一本堪称阿德勒心理学（岸见—阿德勒学）指南的书"。之后便联系了几位编辑，终于等到了这样的一个机会。2010年3月，我终于有幸见到了住在京都的岸见先生，这距离我邂逅《阿德勒心理学入门》这本书已经过了10多年。

此时，作为对岸见先生"苏格拉底的思想被柏拉图所留传，而我想成为阿德勒的柏拉图"这句话的回答，我脱口而出的"那么，我要成为岸见先生的柏拉图"这句话便是本书的起源。

简单而又具有普遍性的阿德勒思想也许会被认为是讲述了"理所当然的事情"，又或者会被认为是在提倡根本不可能实现的理想论。

所以，为了慎重解答读者们可能存在的疑问，本书决定采用哲人和青年间的对话篇形式。

就像本书中提到的那样，把阿德勒思想当作自己的思想去实践并没有那么容易。想要排斥的地方、难以接受的言论、令人费解的建议，这些都可能会存在。

但是，就像十几年前的我一样，阿德勒思想拥有改变人一生的力量。剩下的就只有能否鼓起迈出一步的"勇气"了。

最后，衷心感谢把年轻的我不当作徒弟而是当作"朋友"看待的岸见一郎先生、给予了莫大支持的编辑柿内芳文先生，还有诸位敬爱的读者。

非常感谢！

古贺史健

　　即使在阿德勒死后已经过了半个多世纪的现在，他思想的创新性依然为时代所不能及。在今天的日本，虽然阿德勒的名字不像弗洛伊德或荣格那样广为人知，但阿德勒的主张却被称为是"谁都可以从中挖出点儿什么的'共同采石场'"。即使阿德勒的名字不被提及，但其思想也影响着许多人。

　　十几岁便开始学习哲学的我是在30多岁已经有了孩子之后，才遇见了阿德勒心理学。探求"幸福是什么"的幸福论是西洋哲学的中心主题，我常年来也一直在思考这个问题。所以，在第一次听阿德勒心理学演讲的时候，当听到讲台上的讲师说"听了我今天的话的人，从此刻起便能够获得幸福"时，我产生了极大的反感。

　　但是，同时我也意识到自己竟从未认真思考过"自己怎么做才能获得幸福"，并对主张"获得幸福本身也许非常简单"的阿德勒心理学产生了兴趣。

　　就这样，我在学习哲学的同时开始学习阿德勒心理学，但这对我来说并不是分别学习两门不同的学问。

　　例如，"目的论"这种观点并不是阿德勒时代才突然出现的主张，它在柏拉图或亚里士多德的哲学中已经出现过。阿德勒心理学是与希腊哲学处于同一条线上的思想。并且，我还注意到，在柏拉图的著作中永远流传下来的苏格拉底与青年们进行的对话，在今天来讲可以叫作心理辅导。

　　一听到哲学也许很多人会认为难懂。但是，柏拉图的对话篇中没有用到一个专业术语。哲学用只有专家才能看懂的语言来叙述，这原本就很奇怪。因为哲学真正的意义不在于"知识"而在于"热爱知识"，想要了解不了解的事物以及获得知识的过程非常重要。最终能否到达"知",这不是问题关键。

今天，阅读柏拉图对话篇的人也许会对探求"勇气是什么"的对话最终并未得出结论而感到吃惊。与苏格拉底对话的青年最初都很难认同苏格拉底的主张，他们往往会进行非常彻底的反驳。本书采用哲人与青年之间对话这一形式，也是遵循苏格拉底以来的哲学传统。

我自从了解了"另一门哲学"阿德勒心理学，就不再满足于仅仅阅读并解释先人留下的著作这样一种研究者的生活方式了。我想要像苏格拉底一样进行对话，于是不久便在精神科医院等处开始了心理辅导。

所以，我遇到过许多"青年"。

青年们都想认真地生活，但很多人往往被自以为无所不知、通晓世故的年长者提醒"必须要更加现实"，进而不得不放弃当初的梦想；同时因为纯真，所以被复杂的人际关系所累，感觉疲惫不堪。

希望认真生活非常重要，但仅仅如此还不够。阿德勒说："人的烦恼皆源于人际关系。"如果不懂得如何构筑良好的人际关系，有时候就会因为想要满足他人期待或者不想伤害他人而导致虽有自己的主张但无法传达，最终不得不放弃自己真正想做的事情。

这样的人的确很受周围人的欢迎，或许讨厌他（她）们的人也很少；但是，他（她）们也无法过自己的人生。

对于像本书中出现的青年一样，已经接受了现实洗礼、烦恼多多的年轻人来说，哲人所说的"这个世界无比简单，任何人都可以随时获得幸福"这样的话也许很不可思议。

自称"我的心理学是所有人的心理学"的阿德勒也像柏拉图一样没有使用专业术语，而且提出了改善人际关系的"具体对策"。

如果有人认为难以接纳阿德勒思想，那是因为这种思想是反常识观点的集大成者，而且要想理解它也需要日常生活中的实践；即使没有语言方面的难度，或许也会有像在严冬里想象酷暑一样的困难。但我还是希望大家能够掌握解开人际关系问题的关键。

共著者，同时也负责本书对话创作的古贺史健先生到我书斋来的那天说："我要成为岸见先生的柏拉图。"

今天，我们之所以能够了解一本书也没有留下的苏格拉底的哲学正是因为柏拉图所写的对话篇，但柏拉图也并不仅仅是写下了苏格拉底所说的话。正因为柏拉图正确理解了苏格拉底的话，苏格拉底的思想才能流传到今天。

本书也正是因为反复耐心地斟酌并修正对话的古贺先生的非凡的理解力，才得以顺利问世。本书中的"青年"正是学生时代曾遍访名师的我或古贺先生，更是拿到本书的你。虽然抱有疑问，但如果本书能让你通过与哲人的对话增加不同环境下的决心，那我将不胜荣幸。

岸见一郎

作译者简介

岸见一郎

哲学家。1956年生于京都，现居京都。京都大学研究生院文学研究系博士课程满期退学。与专业哲学（西方古典哲学、特别是柏拉图哲学）一起，1989年起致力于研究阿德勒心理学。日本阿德勒心理学会认定心理咨询师、顾问。在畅销世界各国的阿德勒心理学新古典巨作《被讨厌的勇气》出版后，像阿德勒生前一样，为了让世界更加美好，在国内外针对众多"青年"大力进行演讲和心理咨询活动。译著有阿德勒的《人生意义心理学》《个人心理学讲义》，著作有《阿德勒心理学入门》等。本书由其负责原案。

古贺史健

自由作家。1973年出生。以对话创作（问答体裁的执笔）见长，出版过许多商务或纪实文学方面的畅销书。他创作的极具现场感与节奏感的采访稿广受好评，采访集"16岁的教科书"系列累计销量突破70万册。近30岁的时候邂逅阿德勒心理学，并被其颠覆常识的思想所震撼。之后，连续数年拜访京都的岸见一郎并向其请教阿德勒心理学的本质。本书中他以希腊哲学的古典手法"对话篇"进行内容呈现。著有《想要让20岁的自己接受的文章讲义》。

渠海霞

女，1981年出生，日语语言文学硕士，现任教于山东省聊城大学外国语学院日语系。曾公开发表学术论文多篇，翻译出版《被讨厌的勇气》等多部作品。